剪映 视频剪辑
Vedio Editing by CapCut

从入门到精通（电脑版）

吾影视觉 著

U0382474

人民邮电出版社

北京

图书在版编目（CIP）数据

剪映视频剪辑从入门到精通：电脑版 / 吾影视觉著
. -- 北京：人民邮电出版社，2023.4
ISBN 978-7-115-60101-8

Ⅰ．①剪… Ⅱ．①吾… Ⅲ．①视频编辑软件 Ⅳ.
①TP317.53

中国版本图书馆CIP数据核字(2022)第179435号

内 容 提 要

剪映专业版是剪映软件的电脑版，其可方便用户更直观、更细致、更精确、更专业地进行视频剪辑。剪映专业版的优势在于全面覆盖了剪映手机版丰富的功能、先进的人工智能算法，以及简单的操作，方便用户快速实现对剪映软件的视频剪辑功能从入门到精通。

本书从剪映专业版的入门方法开始讲起，全面介绍了剪辑、滤镜、字幕、动感卡点、创意、转场特效等重点内容，最后以多个案例进行综合实践讲解，帮助读者做到学有所得、融会贯通，成为视频剪辑高手！

本书适合喜爱短视频制作、运营等的用户学习和参考。

◆ 著　　　　吾影视觉
责任编辑　杨　婧
责任印制　陈　犇

◆ 人民邮电出版社出版发行　　北京市丰台区成寿寺路 11 号
邮编　100164　电子邮件　315@ptpress.com.cn
网址　https://www.ptpress.com.cn
北京虎彩文化传播有限公司印刷

◆ 开本：880 × 1230　1/32
印张：6.375　　　　　　　2023 年 4 月第 1 版
字数：328 千字　　　　　2025 年 4 月北京第 6 次印刷

定价：79.00 元
读者服务热线：(010)81055296　印装质量热线：(010)81055316
反盗版热线：(010)81055315

前言

在剪映专业版出现之前，电脑端视频剪辑主要依赖于专业的非线性视频软件，其对电脑硬件性能要求非常高，并且过于专业，对初学者不够友好。剪映专业版的出现，解决了短视频创作者的一大难题，其以简单且强大的功能，让短视频创作者、爱好者和一般用户可以快速上手，实现可媲美Adobe专业视频软件剪辑的效果。

针对喜爱短视频制作、运营等用户，我们编著了本书，帮助广大读者快速提高短视频制作水平。本书具有以下几个特点。

内容丰富、可读性强

剪映专业版所能实现的视频分割、变速、背景变化、转场、贴纸、字幕、滤镜等功能，在本书中都有讲解。

案例丰富，理论联系实践

本书最后提供了多个综合案例，带领读者进行练习，帮助读者做到学有所得、融会贯通，成为视频剪辑高手！

随书附赠

本书赠送全套素材文件，方便读者学习。

目录

剪映入门

本章主要介绍剪映的基础内容，包含剪映操作界面、素材导入、时间线轨道及视频完成等，为接下来的学习打好基础。

01 剪映操作界面：
新手也能看懂

剪映专业版拥有清晰的操作界面和强大的面板功能，非常适合电脑端用户操作。首先安装软件，在桌面找到"剪映专业版"图标，如图1-1所示，双击进入剪映后，单击"开始创作"，如图1-2所示，进入操作界面。

◆ 图1-1

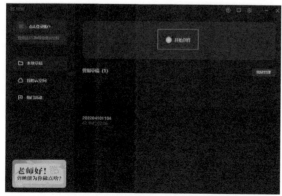

◆ 图1-2

　　剪映专业版的操作界面展现的功能非常多，操作起来也非常便捷。操作界面总共有四个区域，分别为功能区、预览窗口、素材编辑区和时间线轨道，如图1-3所示。

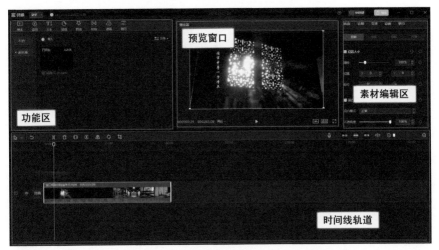

◆ 图1-3

02 素材导入：
丰富视频内容

　　打开剪映进入操作界面后，在左上角功能区单击"导入"即可添加素材到剪映中，可以导入视频、音频和图片等文件，如图1-4所示。

◆ 图1-4

打开素材所在文件夹，选中想要导入的视频文件，单击"打开"按钮即可导入剪映的"本地"文件中，如图1-5所示。可以同时选中多个素材一齐导入：按住"Ctrl"键，选中多个文件。

◆ 图1-5

在功能区中选择已导入的素材，单击①处素材，即可在②处预览窗口预览效果，如图1-6所示。

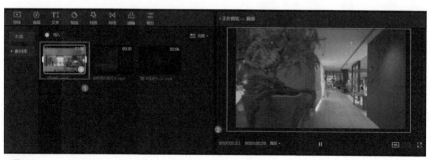

◆ 图1-6

确定素材后，即可将素材添加到轨道中，进行进一步操作。有两种方式可将素材添加到轨道中，如图1-7所示：第一种，单击素材右下角的蓝色加号；第二种，单击素材，长按鼠标左键拖动至时间轴。

　　在功能区的"本地"下面是"素材库"，单击"素材库"即可进入对应界面。剪映素材库内置丰富的素材，素材分区一目了然，如转场片段、故障动画、片头、片尾等素材，如图1-8所示。还可以将常用素材加入收藏，便于后续使用。

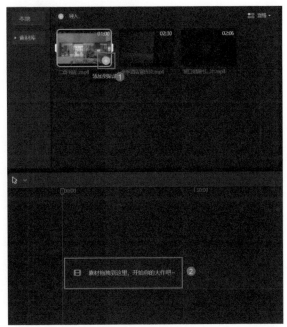

◆ 图1-7

◆ 图1-8

将鼠标指针置于想要收藏的素材上，即可看到其右下角出现的"☆"图标，如图1-9所示。

◆图1-9

单击"☆"图标即可将相应素材加入收藏，如图1-10所示。

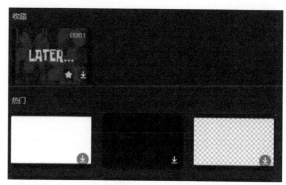

◆图1-10

下面可以使用素材。例如，要在片尾加入一个"The End"的结尾素材，可在素材库的"片尾"中选择合适的素材，单击蓝色加号即可将其加入轨道，如图1-11所示。

◆图1-11

素材添加效果如图1-12所示。

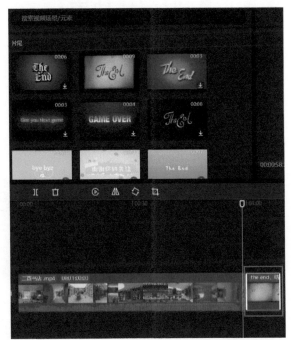

◆ 图1-12

不只是视频素材，功能区还有多种素材可供使用，如图1-13
所示。

◆ 图1-13

03 时间线轨道：
视频精细化操作

　　所有导入的素材均可在时间线轨道中显示，可以通过调整缩放轨道对素材进行帧剪辑，如图1-14所示。可以通过在时间线轨道上任意滑动时间轴查看导入的素材效果，如图1-15所示。在时间线轨道上有视频轨道和音频轨道，可以自己再增加字幕轨道，如图1-16所示。

缩放轨道

◆ 图1-14

时间轴

◆ 图1-15

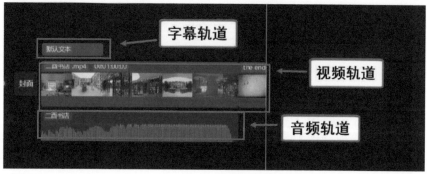

字幕轨道

视频轨道

音频轨道

◆ 图1-16

　　有时候原素材中会自带音频，若制作时不需要音频或者要对原素材音频进行编辑的时候，需要将原素材的视频与音频的链接断开。右击时间线轨道上的素材，弹出快捷菜单，如图1-17所示，单击"分离音频"即可将素材断开为视频与音频，如图1-18所示。

◆ 图1-17

◆ 图1-18

04 视频完成：
多平台分享

视频剪辑完成后，在素材编辑区单击"导出"按钮即可进行导出操作，如图1-19所示。

单击"导出"按钮后，会弹出一个导出编辑框，会显示导出的视频参数，根据个人需要调节参数后，单击右下角的"导出"按钮即可完成导出，如图1-20和图1-21所示。

◆ 图1-19

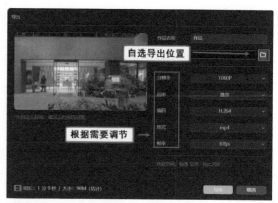

◆ 图1-20

◆ 图1-21

　　导出完成后，窗口会显示"导出完成，去发布！"，如图1-22所示。

　　窗口显示可以直接将视频分享至西瓜视频或者抖音平台；也可以直接打开文件夹，观看制作完成的视频；或者记住文件夹位置，将视频上传至其他平台，如图1-23所示。

◆ 图1-22

◆ 图1-23

　　最后单击"关闭"按钮，即可结束此次视频剪辑，如图1-24所示。

◆ 图1-24

　　以上就是使用剪映的一些基本方法，快去打开剪映试试吧，后面还有更多进阶内容等你去学习。

轻松学会视频剪辑

本章将介绍电脑版剪映的进阶内容，包括倒放、替换、定格及各种视频效果的基础剪辑处理方法，能够满足用户完成短视频编辑的基本需求。

01 剪辑视频：
精选视频内容

在进行视频剪辑前，需将视频素材导入剪映软件中，将视频中的精华片段筛选出来，以便给观众更好的视频体验，快速吸引观众注意力。筛选精华片段前需要进行分割处理，并对视频片段进行选择性删除。

在电脑桌面上找到"剪映"图标，打开后单击"开始创作"，如图2-1所示，正式进入剪映编辑界面。

进入剪映编辑界面后，单击功能区的"导入"，如图2-2所示，进行素材导入。

◆ 图2-1

◆ 图2-2

打开素材所在文件夹，选择所需视频素材，选中后单击"打开"按钮，如图2-3所示，即可将素材导入"本地"文件中。

◆ 图2-3

在功能区中单击视频素材，可在右侧预览窗口中预览视频效果，如图2-4所示。

◆ 图2-4

　　确认无误后即可单击素材缩略图右下角的蓝色加号，如图2-5所示，将素材加入轨道，或者直接将素材拖动至下方时间线轨道的主轨道中，以便对视频进行进一步处理。

　　添加视频到轨道后，单击轨道上视频所需分割处或者拖动时间轴至所需分割处，再单击"分割"，如图2-6所示，即可完成分割。

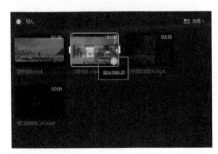

◆ 图2-5

◆ 图2-6

　　分割完成后，选择所要删除的片段，单击"删除"（如图2-7所示）即可删除该片段，或者按"Delete"或"BackSpace"键删除。操作的最终效果如图2-8所示。

◆ 图2-7

◆ 图2-8

02 倒放功能：
让时光倒流

剪映中的倒放功能会改变视频的播放顺序，让视频从后往前播放，有时光倒流之感，更添视频趣味性。

使用倒放功能时，先将视频素材导入轨道中。如果视频素材自带音频，建议将音频单独分离至一个轨道，如图2-9和图2-10所示。

在使用倒放功能时视频自带音频也会被倒放，这影响视频观感，如图2-11所示，可明显看出与图2-9、图2-10所示的音频波形不同。

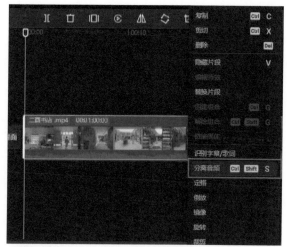

◆ 图2-9

◆ 图2-10

◆ 图2-11

03 替换功能：
快速更换素材

替换功能支持用所需要的视频片段替换素材中不需要的片段，以达到想要的视频效果。

首先在剪映中导入视频素材，将素材加入视频轨道中。然后拖动时间轴再截取、分割，裁剪不需要的视频片段，如图2-12所示。

选中所需替换的素材，将该素材拖动至替换处，即可进行替换，如图2-13所示。

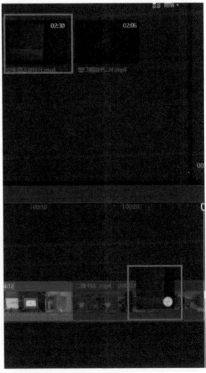

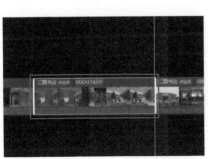

◆图2-12

◆图2-13

在正式替换前，会弹出预览窗口，可以进行预览确认，并且可以拖动进度条将替换视频的片段放在合适的位置。如果替换的视频长度较长，软件会自动裁剪所替换的视频长度，使替换片段与裁剪删除的视频片段的长度一致，如图2-14所示。

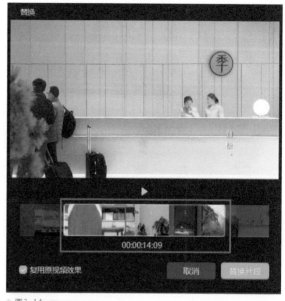

◆ 图2-14

单击"替换片段"按钮即可进行替换，如果原视频有特殊效果，如倒放，勾选"复用原视频效果"即可让替换片段沿用原视频片段的视频效果，如图2-15所示。

◆ 图2-15

04 定格功能：
定格美好瞬间

定格功能可以让原来的视频画面静止，维持一段时间不动，以起到突出该片段的作用。如果想强调某个画面或模拟摄影效果，比如奔腾的海水停住变为静止状态，这就需要使用定格功能。

在剪映中导入视频素材并添加到视频轨道中，将时间轴拖至想要定格的画面处，单击"定格"，即可插入一个3s的定格画面，如图2-16所示。效果如图2-17所示。

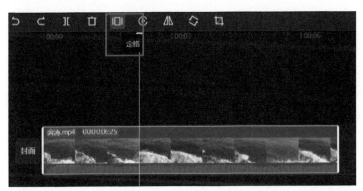

◆ 图2-16

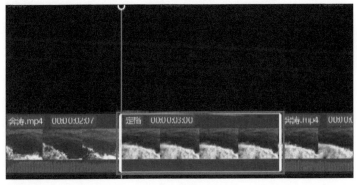

◆ 图2-17

再配上相机"咔嚓"的声音，就可以模拟拍照的效果。在功能区选择"音频—音效素材-手机"，选择"手机拍照"音效素材，如图2-18所示。

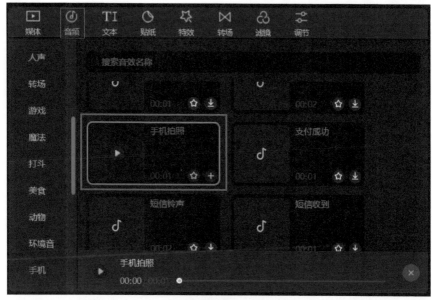

◆ 图2-18

然后将"手机拍照"的音效素材添加到音频轨道，对音频位置进行调整，让音频位于定格片段的起始处，如图2-19所示。

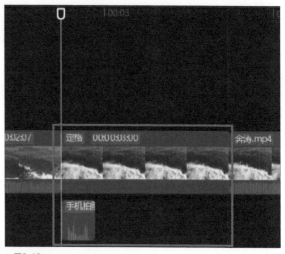

◆ 图2-19

05 镜像功能：突出画面

剪映的镜像功能支持视频画面镜像调转，也就是左右颠倒，主要用于纠正画面或者打造特殊的视频效果，下面将介绍如何使用镜像功能。

选择合适的素材导入剪映中，并将其添加到主轨道①，再将同样的素材拖动至另一条视频轨道，即画中画轨道②，如图2-20所示。

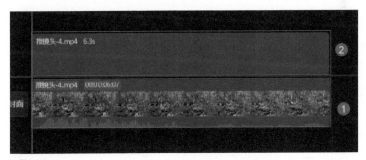

◆图2-20

选中主轨道中的视频素材，再单击时间线轨道上的"镜像"，此时"镜像"图标呈现两个对称 三角形，如图2-21所示。

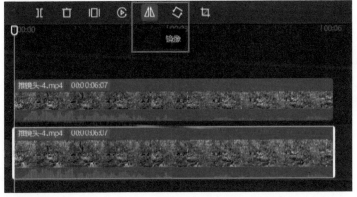

◆图2-21

在预览窗口调整视频的位置，使两个视频的衔接自然，即可得到镜像的画面效果，如图2-22所示，画面更抓人眼球。

◆ 图2-22

06 旋转功能：
创造奇境

　　剪映的旋转功能支持对视频画面进行顺时针90°的旋转，旋转效果可叠加。旋转功能可以对画面进行简单的视角纠正，也支持呈现一些特殊的画面效果。

　　选择合适的素材导入剪映，并将其添加到主轨道①，再将同样的素材拖动至画中画轨道②，如图2-23所示。

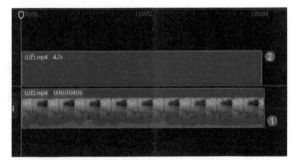

◆ 图2-23

　　选中主轨道上的视频，再单击时间线轨道上的"旋转"，视频即呈现顺时针旋转90°的效果，如图2-24所示。

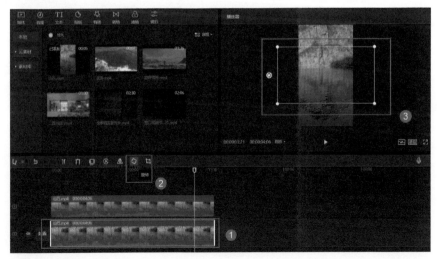

◆ 图2-24

在选中主轨道中的素材的条件下，单击"旋转"，然后单击"镜像"，即可呈现画面垂直翻转的效果，如图2-25所示。

◆ 图2-25

在预览窗口适当调整主轨道与画中画轨道中的视频的位置，如有需要可使用裁剪功能剪去多余的画面，如图2-26所示，最终使画面呈现镜面倒影效果，如图2-27所示。

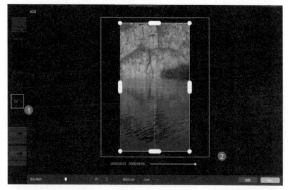

◆ 图2-26

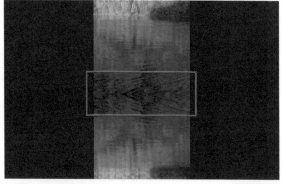

◆ 图2-27

07 比例调整功能：
便于在不同设备发布

　　剪映的比例调整功能支持自由切换视频比例，快速将横版视频变为竖版视频，以便在不同设备上发布。

　　在剪映中导入视频素材并添加到视频轨道，单击预览窗口右下角的"适应"或者"原始"，会出现列表框，如图2-28所示。

◆ 图2-28

在弹出的列表框中选择"9∶16
（抖音）"，即可将画布调整为
相应尺寸，如图2-29所示。

用这个方法得到的竖版视频
上下会有黑色背景，如图2-29所
示，但也能使画面完整呈现。如
果不想要上下的黑色背景，可在
预览窗口调整视频大小，使其满
屏展现，但同时也会使视频画面
被剪裁，如图2-30所示。

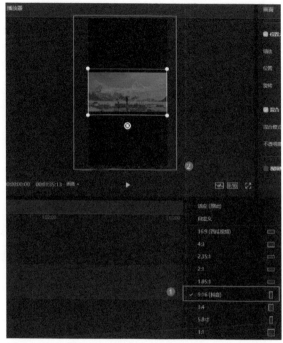

◆ 图2-29

◆ 图2-30

08 添加背景：衬托视频

当视频横竖版转换时，总是会出现大块的黑色背景，如果用户对此不满意，可以使用剪映的背景功能，修改背景颜色或者更换背景。

在剪映中导入视频素材并加入视频轨道，单击预览窗口的"适应"或者"原始"，即出现一个列表框，如图2-31所示。

在列表框中选择画布比例"9∶16（抖音）"，即可将视频调为该尺寸，如图2-32所示，这也是抖音视频尺寸。

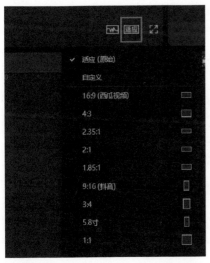

◆ 图2-31

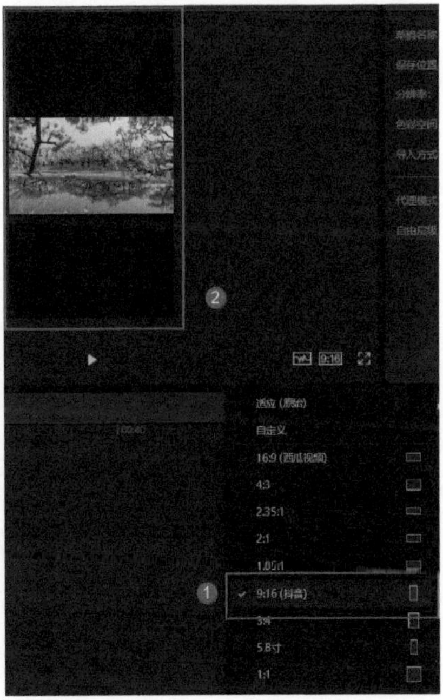

◆ 图2-32

选中视频轨道中的素材，在素材编辑区选择"画面—背景—背景填充"，如图2-33所示，即可对背景进行修改。

选择"模糊"，则会呈现四种不同程度的模糊背景，如图2-34所示，模糊背景会应用于所选视频中截取的中部画面，背景与画面相映成趣。

选择"颜色"，则会出现多种颜色供选择，可以自由使用颜色使画面更突出，效果如图2-35所示。

◆ 图2-33

◆ 图2-34

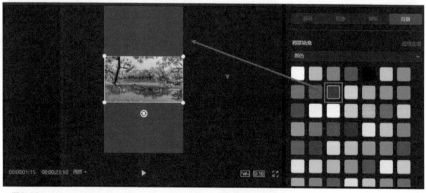

◆ 图2-35

　　选择"样式",则会出现剪映素材库提供的多种背景,种类丰富、风格多样,适用于多种视频的剪辑,效果如图2-36所示。

◆ 图2-36

09 视频衔接: 过渡更加自然

　　当制作视频需要使用两个及两个以上的视频时,为了使视频衔接更加自然,可以使用转场动画进行过渡。

　　在剪映中导入视频素材并加入视频轨道,所有视频均放置于主轨道,然后在功能区中单击"转场",如图2-37所示。

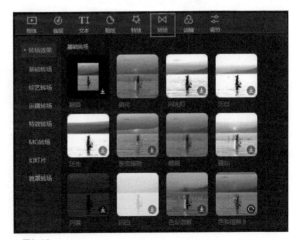

◆ 图2-37

036

此时选择"基础转场—叠化",再单击其右下
角的蓝色加号即可将其加到视频连接处,如图2-38
所示。此时需要注意时间轴的位置,此添加方法
遵循的是就近原则,会添加到距离时间较近的视频
连接处;或者直接拖动该效果至视频连接处,如图
2-39所示。

选中刚刚加入的转场效果,可以在素材编辑区
对转场参数进行调整,如图2-40所示。

◆ 图2-38

◆ 图2-39

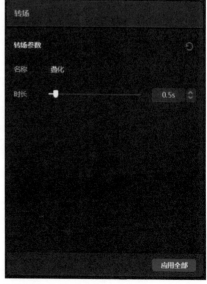
◆ 图2-40

　　调整转场的时长能明显看出转场效果。以叠化转场为例，叠化时长较短时转场效果较为自然，叠化不明显，如图2-41所示；叠化时长较长时转场效果较为明显，叠化明显，适用于缓慢叙事类视频，如图2-42所示。

◆ 图2-41

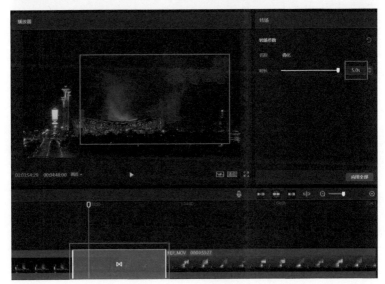

◆ 图2-42

音频剪辑方法

音频是视频的重要组成部分之一，一段贴合视频内容的音频不仅能给视频锦上添花，有时还能与视频一起起到一加一大于二的效果。本章主要介绍剪映中的音频处理方法，包括录制语音、导入音频、添加音效等。

01 录制语音：
添加旁白

语言旁白是视频必不可少的元素，明确、清晰的语言旁白能准确地表达出视频的内容。在剪映中可以通过录音功能直接录制语言旁白。

首先，在剪映中导入所需素材，如果视频本身带有音频，可以关闭原声，如图3-1和图3-2所示，也可以直接使用不带音频的视频作为素材。

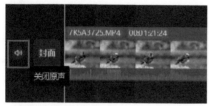

◆ 图3-1

◆ 图3-2

单击预览窗口右下角的麦克风图标，如图3-3所示，即可进入语音录制界面，单击红色按钮即可开始语音录制，如图3-4所示。

◆ 图3-3

◆ 图3-4

进入录制界面3s后开始录制。开始录制后能看到音频与视频进度条一致，方便语音内容与视频画面同步。录制完成后，再次单击红色按钮即可结束录制，如图3-5所示。

◆ 图3-5

02 导入音频：
添加背景音

对于短视频来说，音乐是灵魂，合适的音乐能引发人们对视频的情感共鸣，所以添加音频是视频剪辑中非常重要的一步。

首先将素材导入剪映并将其添加到时间线轨道中，然后选中轨道中的视频素材，在素材编辑区单击"音频"，如图3-6所示。

音频降噪，顾名思义就是减少噪声对音频质量的影响，让音频听起来更清晰自然。在音频界面内，勾选"音频降噪"，如图3-7所示，系统会自动进行降噪处理。

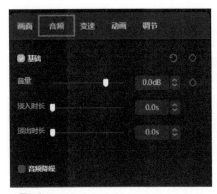

◆ 图3-6

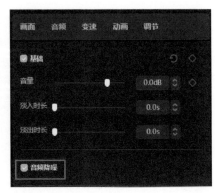

◆ 图3-7

　　然后在功能区单击"音频",选择合适的音频（如图3-8所示）并添加到音频轨道中,即可添加背景音。

◆ 图3-8

03 添加音效：
让画面更逼真

音效有助于增加视频的真实感。例如，电影中经常运用大量的音效来渲染气氛，让观众产生身临其境之感。音效还有助于延伸画面空间，增加信息量。借助音效，不仅可以弥补前期拍摄的不足，还可以给观众预留联想画面的空间。

剪映中提供了许多音效素材，用户可以根据视频情境添加，如笑声、机械等，如图3-9所示。

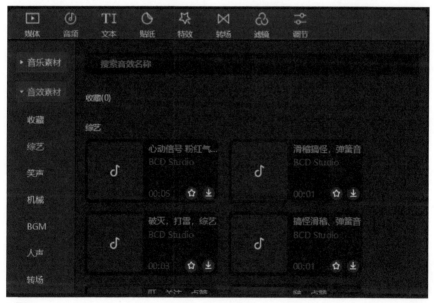

◆ 图3-9

例如，短视频画面中有闪电，可以选择"环境音"下的"Thunder"音效，如图3-10所示。又如，如果是有关大象的画面，可以选择"动物"下面对应的音效，如"大象的叫声"音效；如果是群马奔腾的画面，可以添加"奔跑的马"音效，为了达到群马奔腾的效果，可以多次叠加相同音效，如图3-11所示。

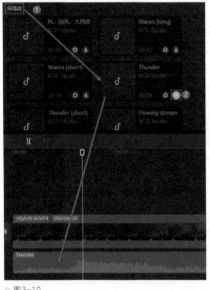
◆ 图3-10

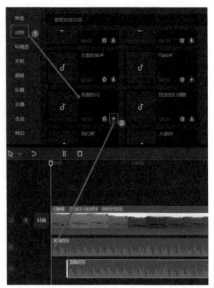
◆ 图3-11

04 提取音频：
导入视频声音

在制作某些特殊效果时，需要提取一个视频的音频，将其应用到另一个视频中。此时只要提取原视频中的音频即可轻松实现。

首先，在剪映中导入合适的素材，将其加入轨道中。然后在功能区选择"音频—音频提取—导入"（如图3-12所示），导入想要使用其音频的视频素材。

选择要提取音频的视频素材，即可将其音频导入剪映中，可以单击▶图标试听以确定是否是所需音频，如图3-13所示。

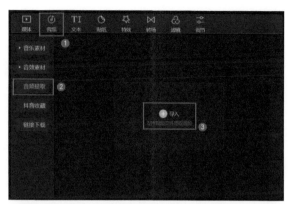

◆ 图3-12

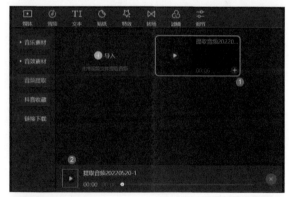

◆ 图3-13

确认无误后即可将该音频加入轨道中，根据需要调整音频位置和长度，如图3-14所示。

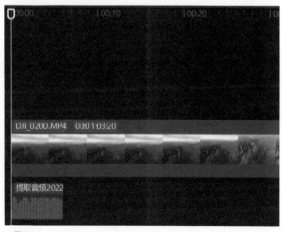

◆ 图3-14

05 抖音收藏：
使用抖音收藏的音乐

剪映和抖音的账号是互通的，当用户在抖音中听到喜欢的背景音乐想要应用到自己作品中时，可以先收藏此背景音乐。单击唱片图标，如图3-15所示；界面跳转后单击"☆收藏"，如图3-16所示；收藏成功的显示如图3-17所示。

◆ 图3-15

◆ 图3-16

◆ 图3-17

然后用户在电脑版剪映上登录抖音账号，即可将收藏的背景音乐同步至剪映中。用户可单击剪映初始界面左上角空白头像处登录，如图3-18所示。

◆ 图3-18

　　此时会弹出登录对话框，只需要通过手机抖音App扫码，或者手机验证码验证，即可在剪映登录抖音账号，如图3-19所示。

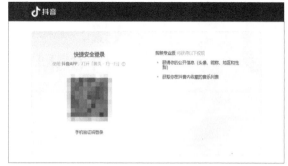

◆ 图3-19

　　成功登录后，能在剪映操作界面"音频"下的"抖音收藏"中找到收藏的背景音乐，如图3-20所示。

◆ 图3-20

　　执行上述操作找到背景音乐后，即可将该背景音乐加入时间线轨道的音频轨道上，并可调整音频时长和位置，如图3-21所示。

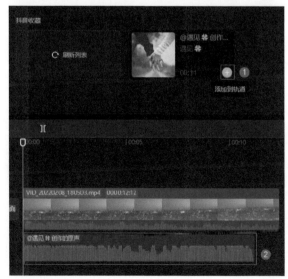

◆ 图3-21

06 下载链接：
下载热门 BGM 的链接

除了可以使用抖音收藏的背景音乐外，也可以通过链接下载热门BGM直接使用。

在抖音中发现喜欢的背景音乐后，点击分享图标，如图3-22所示，会弹出一个"分享到"菜单，点击其中的"复制链接"，如图3-23所示。

◆ 图3-22　　　　　　◆ 图3-23

执行此操作后，即可复制此BGM链接，然后在剪映中粘贴并打开此链接下载背景音乐，并将其加入音频轨道中。

首先在剪映中导入视频素材并加入视频轨道中，单击功能区的"音频"，再单击"链接下载"，如图3-24所示。

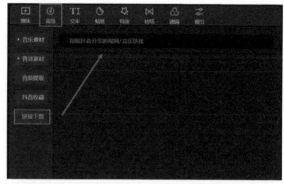

◆ 图3-24

将复制的BGM链接粘贴在文本框内，单击文本框右侧的下载图标，如图3-25所示，即可将链接中的背景音乐加入音频轨道中使用，如图3-26所示。

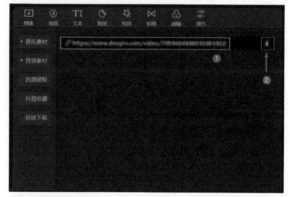

◆ 图3-25

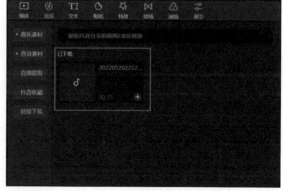

◆ 图3-26

07 剪辑音频： 删减音频片段

电脑版剪映支持非常方便地对音频进行剪辑，选取其中精华的部分，让短视频随着音乐进入高潮，更能震撼人心。下面介绍剪辑音频的方法。

首先将素材导入剪映，单击"音频"，添加合适的音乐到音频轨道中。可以通过拖动音频轨道左右的白色边线，对音频进行调整，如图3-27所示。

◆ 图3-27

也可以直接通过拖动音频轨道左右的白色边线将音频与视频对齐，如图3-28所示，如果觉得不满意可以通过再次拖动白色边线将其复原。

还可通过拖动时间轴位置进行操作，将时间轴拖至想要切割的位置，然后单击时间线轨道上的"分割"，如图3-29所示。

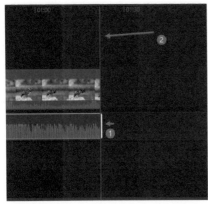

◆ 图3-28

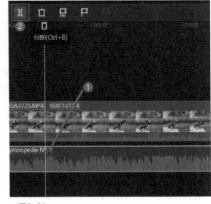

◆ 图3-29

将不需要的音频片段选中，然后单击"删除"，如图3-30所示。如果后续想恢复该音频，只要拖动音频轨道左右的白色边线即可复原。

对音频的位置和长度进行调整后，再次对视频进行整体预览，确认无误后即可将视频导出。

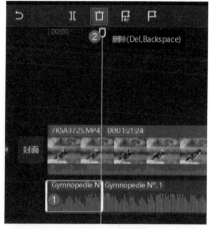

◆ 图3-30

08 编辑音频：
对音频进行效果处理

对视频中的音频设置淡入淡出效果，让音频随视频开始渐入，随视频结束渐出至无声，既可以呈现意犹未尽的视频效果，也可以带来更舒适的视听感。

首先，在剪映中导入视频素材并加入视频轨道中，单击"音频"打开剪映中的曲库，选择合适的音乐添加到音频轨道中，如图3-31所示。

◆ 图3-31

对音频轨道上的音频素材进行适当剪辑，使其播放时长和视频轨道上的视频时长相同，如图3-32所示。

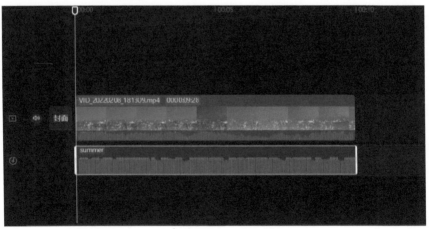

◆ 图3-32

选中音频素材，然后进入素材编辑区的音频编辑界面设置淡入、淡出时长，如图3-33所示。根据设置淡入、淡出时长的不同，其效果强弱也不同：时长越长，效果越强。

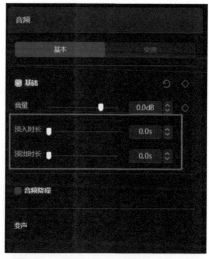

◆图3-33

设置完成后，视频即可获得淡入淡出的音频效果，音频轨道会显示其效果强度，音频边角黑的范围越大，时长越长，如图3-34所示。

◆图3-34

除淡入淡出效果外，还可对音频进行变速处理，从而制作出一些特殊的背景音乐效果，下面介绍对音频进行变速处理的具体操作。

首先在剪映中导入视频素材并加入视频轨道中，单击"音频"打开曲库，选择合适的音乐添加到音频轨道中，如图3-35所示。

◆ 图3-35

选中音频轨道中的素材，切换至素材编辑区"音频"下的"变速"，可以看到默认的倍数参数为1.0×，如图3-36所示。

◆ 图3-36

往左拖动倍数参数对应的滑块，即可增加音频时长，使音频播放速度变缓，如图3-37所示。

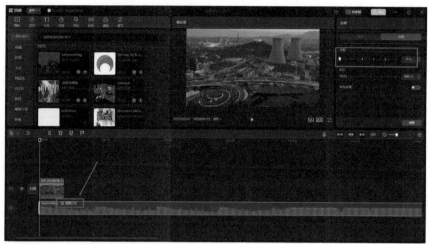

◆ 图3-37

往右拖动倍数参数对应的滑块，即可缩短音频时长，加快音频播放速度，如图3-38所示。

◆ 图3-38

多种滤镜变幻色彩

滤镜，主要用来实现图像的各种特殊效果，让画面取得不错的艺术效果。本章主要介绍如何对视频素材使用滤镜进行调色，以及高清滤镜、美食滤镜、影视级滤镜等十种滤镜。

01 添加滤镜：变换画面色彩

　　滤镜是剪映的基础功能之一，其可以改变视频的色调、风格等，打造出想要的艺术效果。下面介绍在剪映中添加滤镜的方法。

　　首先在剪映中导入素材并加入视频轨道，然后单击功能区内的"滤镜"，如图4-1所示。

◆ 图4-1

　　单击"滤镜"后，可以看到有人像、影视级、风景及复古胶片等多种滤镜风格可供选择，如图4-2所示。

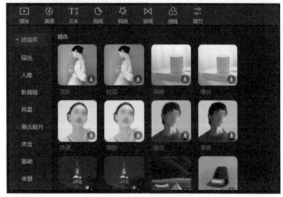

◆ 图4-2

　　用户可以根据视频需要的风格选择合适的滤镜，当滤镜加入轨道中后，选中滤镜，在素材编辑区可以对滤镜强度进行调整，如图4-3所示。

　　拖动滤镜轨道左右两侧白色边线可调整滤镜的时长，使其与视频时长一致，如图4-4所示。完成后即可导出视频。

◆ 图4-3

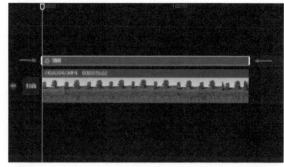

◆ 图4-4

02 高清滤镜：美化人像

　　如今，人们对美的欣赏越来越细节化。当看到赏心悦目的照片时，人们会心情愉悦，从这个角度来说，滤镜对人像的美化起到了重要的作用。

　　首先在剪映中导入素材并加入视频轨道，然后单击功能区内的"滤镜"，进入"人像"滤镜界面，如图4-5所示。

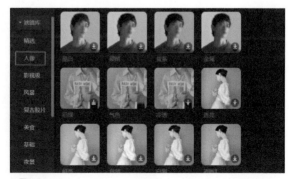

◆ 图4-5

执行上述操作后，根据素材本身和想要达到的效果选择滤镜，在这里选择"奶油"滤镜，在预览窗口可以看到画面效果，如图4-6所示。

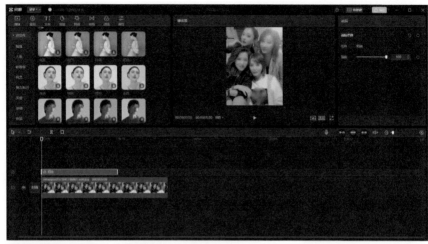

◆ 图4-6

选中滤镜效果，在素材编辑区拖动白色滑块，适当调整滤镜的应用程度参数，如图4-7所示。

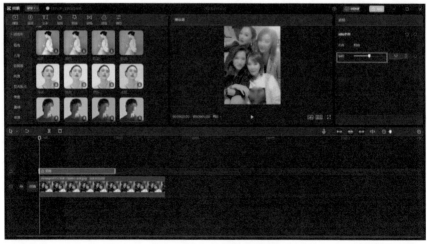

◆ 图4-7

　　也可以多次选择，尝试各种滤镜，直到选择到与视频风格相符的滤镜。选择好合适的滤镜后，拖动滤镜轨道左右两侧的白色边线直至滤镜与视频素材时长相同，如图4-8所示。

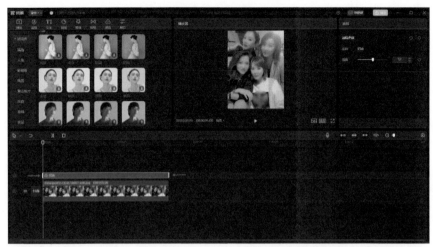

◆ 图4-8

　　人像除了能通过滤镜进行美化外，还可通过画面调节进行智能美颜和智能美体等进一步美化，如图4-9所示。

◆ 图4-9

03 美食滤镜：
让食物更加诱人

美食滤镜主要用于食物，添加美食滤镜能让食物看起来更加诱人，更能牵动观众的心。

首先在剪映中导入素材并加入视频轨道，然后选择"滤镜—滤镜库—美食"，如图4-10所示。

◆ 图4-10

可以根据视频素材多次选择滤镜进行尝试，直到选择到与视频风格相符的滤镜，如图4-11所示，让素材中的食物看起来更加美味。

在此处选择"暖食"滤镜，加入滤镜轨道中，并根据需要对滤镜的应用程度参数进行调整，如图4-12所示。

执行上述操作后还需调整滤镜时长，使其与视频时长一致，如图4-13所示，保证滤镜应用到视频的每一帧。

◆ 图4-11

◆ 图4-12

◆ 图4-13

04 影视级滤镜：
多种电影风格任选

影视作品大多会使用不同的滤镜来满足剧情表达的需要。不同的滤镜能营造出不同的气氛，能够制造出情绪与冲突，不仅能让影视作品充满色彩对比，更能体现剧中各种人物的情绪。

首先在剪映中导入素材开加入视频轨道，然后单击功能区内的"滤镜"，进入"影视级"滤镜界面，如图4-14所示。

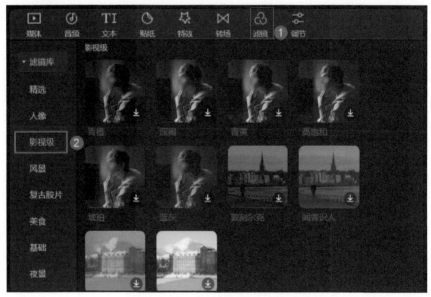

◆ 图4-14

执行上述操作后，根据素材本身和想要达到的效果选择滤镜，在这里选择"高饱和"滤镜，在预览窗口可以看到画面效果，如图4-15所示。

◆ 图4-15

选中滤镜效果，在素材编辑区拖动白色滑块，适当调整滤镜的应用程度参数，如图4-16所示。

◆ 图4-16

也可以多次选择，尝试各种滤镜，直到选择到与视频风格相符的滤镜。选择好合适的滤镜后，拖动滤镜轨道左右两侧的白色边线直至滤镜与视频素材时长相同，如图4-17所示。

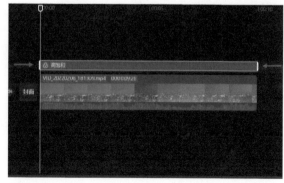

◆ 图4-17

05 露营滤镜：
拥抱美好光景

　　露营滤镜的使用能让普通的自然景观充满氛围感，让观众觉得露营是一件特别美好的事情，会使其对露营产生向往之情。对平常景观使用滤镜时，也能让画面充满美好的氛围感。

　　首先在剪映中导入素材并加入视频轨道，然后单击功能区内的"滤镜"，进入"露营"滤镜界面，如图4-18所示。

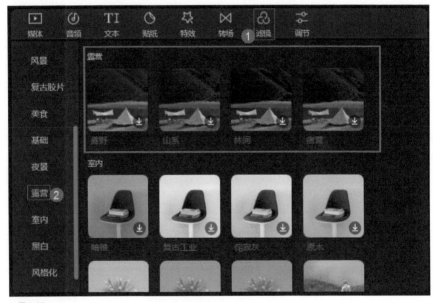

◆ 图4-18

　　执行上述操作后，根据素材本身和想要达到的效果选择滤镜，在这里选择"林间"滤镜，在预览窗口可以看到画面效果，如图4-19所示。

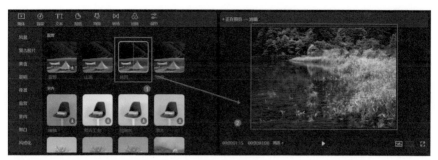

◆ 图4-19

选中滤镜效果，在素材编辑区拖动白色滑块，适当调整滤镜的应用程度参数，如图4-20所示。

◆ 图4-20

也可以多次选择，尝试各种滤镜，直到选择到与视频风格相符的滤镜。选择好合适的滤镜后，拖动滤镜轨道左右两侧的白色边线直至滤镜与视频素材时长相同，如图4-21所示。

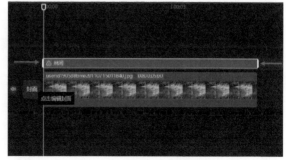

◆ 图4-21

06 风景滤镜：
让景色更加鲜活

风景滤镜也是剪映中常用的一种滤镜，主要用于改变色调，让风景的颜色变得更加透亮鲜艳。比起露营滤镜偏向自然的特点，风景滤镜更适用于多种场景。

首先在剪映中导入素材并加入视频轨道，然后单击功能区内的"滤镜"，进入"风景"滤镜界面，如图4-22所示。

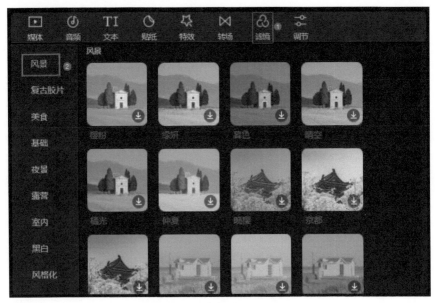

◆ 图4-22

执行上述操作后，根据素材本身和想要达到的效果选择滤镜，在这里选择"仲夏"滤镜，在预览窗口可以看到画面效果，如图4-23所示。

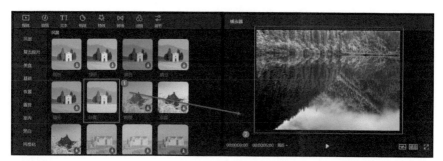

◆ 图4-23

选中滤镜效果，在素材编辑区拖动白色滑块，适当调整滤镜的应用程度参数，如图4-24所示。

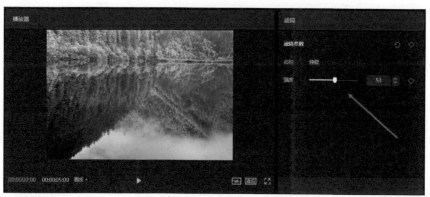

◆ 图4-24

也可以多次选择，尝试各种滤镜，直到选择到与视频风格相符的滤镜。选择好合适的滤镜后，拖动滤镜轨道左右两侧的白色边线直至滤镜与视频素材时长相同，如图4-25所示。

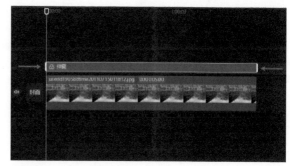

◆ 图4-25

07 复古胶片滤镜：
增强画面怀旧感

复古胶片滤镜参数与一些相机的色调参数相同，能提供不同的色彩，让画面更有格调、质感。复古胶片滤镜能让普通设备拍出来的素材拥有专业设备拍出来的高级感。

首先在剪映中导入素材并加入视频轨道，然后单击功能区内的"滤镜"，进入"复古胶片"滤镜界面，如图4-26所示。

◆ 图4-26

执行上述操作后，根据素材本身和想要达到的效果选择滤镜，在这里选择"普林斯顿"滤镜，在预览窗口可以看到画面效果，如图4-27所示。

◆ 图4-27

选中滤镜效果，在素材编辑区拖动白色滑块，适当调整滤镜的应用程度参数，如图4-28所示。

◆ 图4-28

也可以多次选择，尝试各
种滤镜，直到选择到与视频风格
相符的滤镜。选择好合适的滤镜
后，拖动滤镜轨道左右两侧的白
色边线直至滤镜与视频素材时长
相同，如图4-29所示。

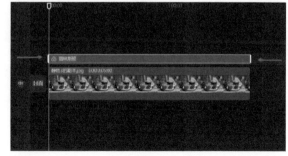

◆ 图4-29

08 黑白滤镜： 增强对比

　　黑白的对比色调往往给人以鲜明、强烈的感觉，能突出形象的主要特征，删繁就简，画面上只需呈现极其简练的形象，就可达到黑白对比强烈、明快的艺术效果。

　　首先在剪映中导入素材并加入视频轨道，然后单击功能区内的"滤镜"，进入"黑白"滤镜界面，如图4-30所示。

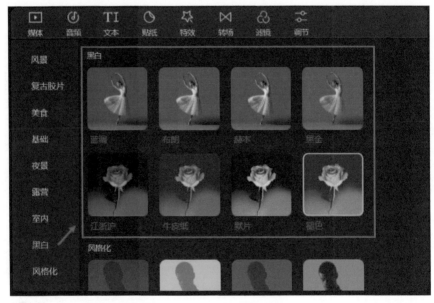

◆ 图4-30

　　执行上述操作后，根据素材本身和想要达到的效果选择滤镜，在这里选择"褪色"滤镜，在预览窗口可以看到画面效果，如图4-31所示。

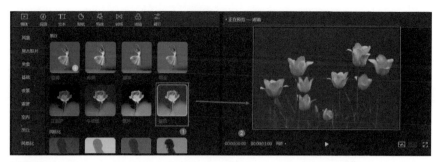

◆ 图4-31

选中滤镜效果，在素材编辑区拖动白色滑块，适当调整滤镜的应用程度参数，如图4-32所示。

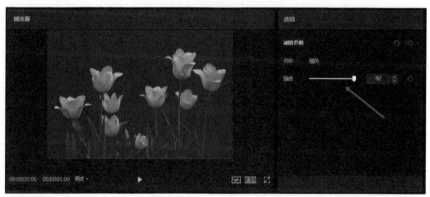

◆ 图4-32

　　也可以多次选择，尝试各种滤镜，直到选择到与视频风格相符的滤镜。选择好合适的滤镜后，拖动滤镜轨道左右两侧的白色边线直至滤镜与视频素材时长相同，如图4-33所示。

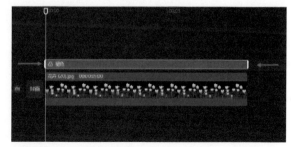

◆ 图4-33

09 夜景滤镜：
让夜色更浪漫

夜景中暗背景、亮主体的相互映衬，具有类似于高反差的特点。夜景会受到一些环境光的影响，此时可以使用剪映中的夜景滤镜，降低环境光并提高对比度，让夜景更加清晰。

首先在剪映中导入素材并加入视频轨道，然后单击功能区内的"滤镜"，进入"夜景"滤镜界面，如图4-34所示。

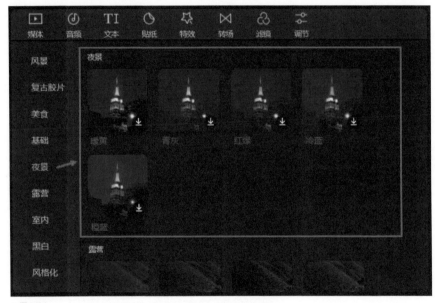

◆ 图4-34

执行上述操作后，根据素材本身和想要达到的效果选择滤镜，在这里选择"暖黄"滤镜，在预览窗口可以看到画面效果，如图4-35所示。

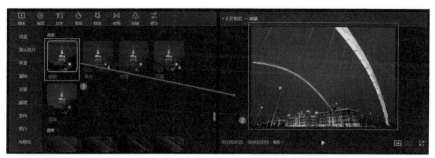

◆ 图4-35

选中滤镜效果，在素材编辑区拖动白色滑块，适当调整滤镜的应用程度参数，如图4-36所示。

◆ 图4-36

也可以多次选择，尝试各种滤镜，直到选择到与视频风格相符的滤镜。选择好合适的滤镜后，拖动滤镜轨道左右两侧的白色边线直至滤镜与视频素材时长相同，如图4-37所示。

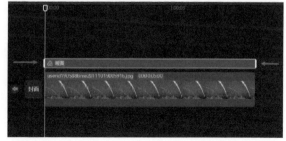

◆ 图4-37

10 风格化滤镜：凸显个性

风格化滤镜是剪映中一款较为酷炫的滤镜，主要用于一些凸显个性的视频中。

首先在剪映中导入素材并加入视频轨道，然后单击功能区内的"滤镜"，进入"风格化"滤镜界面，如图4-38所示。

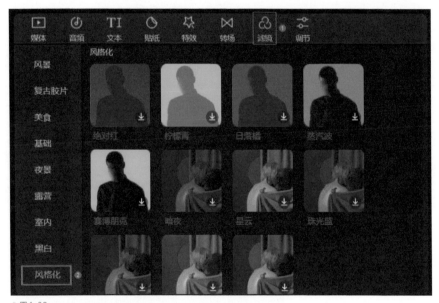

◆ 图4-38

执行上述操作后，根据素材本身和想要达到的效果选择滤镜，在这里选择"赛博朋克"滤镜，在预览窗口可以看到画面效果，如图4-39所示。

◆ 图4-39

选中滤镜效果，在素材编辑区拖动白色滑块，适当调整滤镜的应用程度参数，如图4-40所示。

◆ 图4-40

　　也可以多次选择，尝试各
种滤镜，直到选择到与视频风格
相符的滤镜。选择好合适的滤镜
后，拖动滤镜轨道左右两侧的白
色边线直至滤镜与视频素材时长
相同，如图4-41所示。

◆ 图4-41

11 室内滤镜：
记录美好生活

大家经常拍摄一些与日常生活有关的素材发布到网络上，除了自己记录外，还能分享给其他人。这些作品拍摄的大部分的生活场景都在室内，但是室内经常由于灯光不合适或者光照不足，拍出来的画面效果不佳，此时就需要借助于室内滤镜。

首先在剪映中导入素材并加入视频轨道，然后单击功能区内的"滤镜"，进入"室内"滤镜界面，如图4-42所示。

◆ 图4-42

执行上述操作后，根据素材本身和想要达到的效果选择滤镜，在这里选择"潘多拉"滤镜，在预览窗口可以看到画面效果，如图4-43所示。

◆ 图4-43

选中滤镜效果，在素材编辑区拖动白色滑块，适当调整滤镜的应用程度参数，如图4-44所示。

◆ 图4-44

也可以多次选择，尝试各种滤镜，直到选择到与视频风格相符的滤镜。选择好合适的滤镜后，拖动滤镜轨道左右两侧的白色边线直至滤镜与视频素材时长相同，如图4-45所示。

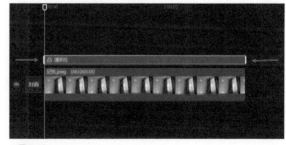

◆ 图4-45

添加字幕更显专业

有字幕的视频往往比没有字幕的更有记忆点，并且有字幕的视频能够让观众在观看时快速了解视频内容。本章将从添加文字、识别视频字幕、识别歌词、添加文字动画和添加贴纸来介绍剪映编辑字幕的相关方法。

082

01 添加文字：
使内容一目了然

剪映支持给视频添加合适的文字内容，让视频内容一目了然，更加吸引观众目光。

在剪映中导入视频素材并添加到视频轨道中；然后单击功能区的"文本"，如图5-1所示。

单击"新建文本"，会出现"默认文本"，单击其右下角蓝色加号即可添加一个文本轨道，如图5-2所示。

选中文本轨道中的素材，在素材编辑区更改、添加文本内容，可以随喜好或者视频风格选择预设样式，如图5-3所示。可以看出不同的预设样式给人不同的感觉，如图5-4和图5-5所示。

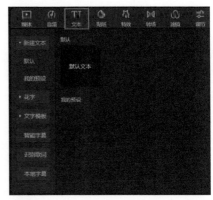

◆ 图5-1

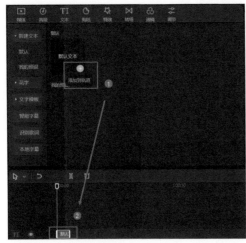

◆ 图5-2

◆ 图5-3

◆ 图5-4

◆ 图5-5

　　选择了预设样式后可进一步对文字样式进行修改，这里对文字增加了描边效果，并选择了合适的颜色。在设置过程中可以调整文字至合适的大小和位置，效果如图5-6所示。

◆ 图5-6

还可以给文字增加阴影效果。选择想要的颜色，对不透明度和模糊度进行调整，可以拉大文字与阴影之间的距离，让文字有立体感，如图5-7所示。

◆ 图5-7

除了基础的文字效果外，还有气泡和花字的进阶文字效果。

单击"气泡"即可打开气泡素材库，如图5-8所示。使用时要注意，气泡是给现有文字添加背景，文字的基础属性，如颜色、字体等都不会改变，若想改变文字的基础属性，需要回到基础界面修改。

◆ 图5-8

这里随意选择一个气泡效果，效果如图5-9所示。

花字效果能一键让文字样式变得酷炫、可爱，适合快速操作。花字效果有多种颜色搭配可供选择，如图5-10所示。

这里随意选择一个花字效果，如图5-11所示，瞬间就可让文字变得可爱。

◆ 图5-9

◆ 图5-10

◆ 图5-11

02 识别视频字幕：
轻松添加字幕

剪映的字幕识别功能的准确率非常高，支持快速识别并添加与视频时间对应的字幕，大大提高了视频制作的效率。

在剪映中导入素材并加入视频轨道，在功能区单击"文本"，再单击"智能字幕"，如图5-12所示。

◆ 图5-12

此时单击"识别字幕"，单击"识别字幕"剪映会在文本轨道中自动生成字幕，如图5-13所示。如果有些字幕与实际有出入，可手动进行修改。

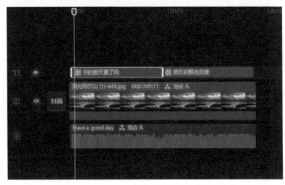

◆ 图5-13

　　或者单击"文稿匹配"，在文本框中输入字幕文字，然后单击"开始匹配"按钮，剪映会通过识别音频自动校准，添加字幕，如图5-14所示。文稿匹配要求匹配出的文本最低字数为十个字，低于十个字可以自行添加文本。

　　可以在素材编辑区对字幕进行效果设置，如图5-15和图5-16所示。

◆ 图5-14

◆ 图5-15

◆ 图5-16

03 识别歌词：
打造卡拉 OK 效果

除了识别音频字幕外，剪映还支持自动识别视频中的歌词内容，并且支持添加动态歌词效果，非常方便。此处以打造卡拉OK效果为例。

在剪映中导入素材并加入视频轨道，在功能区单击"文本"，再单向"识别歌词"，如图5-17所示。

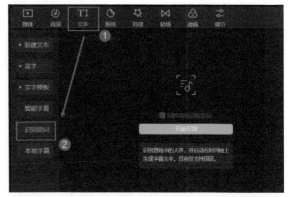

◆ 图5-17

单击"开始识别"即可对歌曲进行快速识别，添加歌词，效果如图5-18所示。

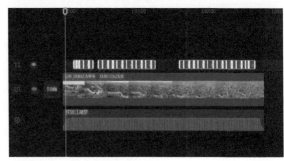

◆ 图5-18

首先选中字幕，在素材编辑区单击"动画"，选择"卡拉OK"即可将该效果应用到字幕上。素材编辑区最下方显示了动画时长，可以进行调整，它只能识别不同字幕出现的时间。如果要对该段字幕应用卡拉OK效果，把动画时长对应的滑块拖到最右，如图5-19所示。单击功能区"文本"下的"文字模板"也可选择"卡拉OK"效果，不过无法直接套用在已有文本上。

◆ 图5-19

04 添加文字动画: 丰富视频效果

给字幕添加文本后，还可为文字添加动画，在前文已讲过卡拉OK动画效果设置。除特殊需求外，可使用文字模板快速设置文字动画。

首先将素材导入剪映并加入视频轨道，单击"文本"，再单击"文字模板"，如图5-20所示。

◆ 图5-20

根据素材内容，可以多次挑选文字模板并预览，如图5-21所示，直到找到合适的文字模板。

◆ 图5-21

如果文字模板中的文字不合适，可以选中文字模板，在素材编辑区对模板内的文字进行修改，如图5-22所示。

◆ 图5-22

05 添加贴纸：更添趣味

剪映支持在视频中直接添加各种贴纸效果，让视频变得有趣生动，吸引观众目光。

首先在剪映中导入一个素
材并加到视频轨道中，在功能区
单击"贴纸"再单击"贴纸素
材"，如图5-23所示。

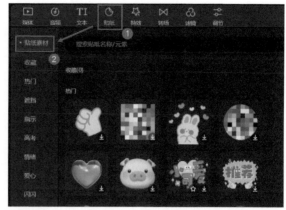

◆ 图5-23

根据视频素材内容选择合适的贴纸，并将其调整至合适的大小和位置，如图5-24所示，不要影响画面所要表
达的主要内容。

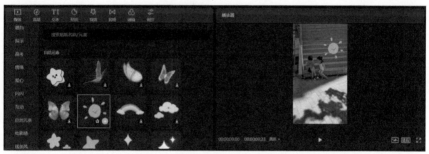

◆ 图5-24

如有需要，可以在画面中添加多个贴纸以满足视频内容需要，如图5-25所示，贴纸没有添加上限。

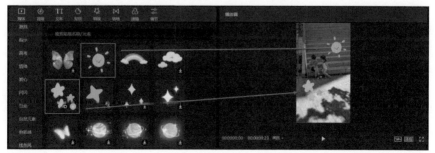

◆ 图5-25

动感卡点引爆全场

卡点视频一直很受大家的欢迎，自带强烈节奏感的BGM，搭配酷炫的视频动效，直入人心。本章主要介绍一些热门卡点视频的制作方法。

01 万有引力卡点：
制作动感节拍视频

万有引力卡点短视频非常火爆，制作起来也并不困难，新手也能快速学会。在万有引力卡点短视频制作中主要会用到自动踩点功能，下面介绍如何操作。

在剪映中导入多段素材，并将其添加到视频轨道中，再在功能区中选择合适的背景音乐添加到音频轨道中，如图6-1所示。

◆ 图6-1

选中音频轨道中的素材，单击"自动踩点"，选择"踩节拍Ⅰ"，如图6-2所示，音频轨道底部就会出现黄色小点，那就是节拍点，如图6-3所示。

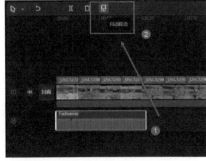

◆ 图6-2

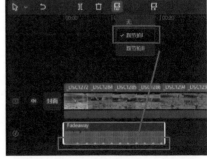

◆ 图6-3

　　在视频轨道中拖动第一个素材右侧的白色滑块，使其对齐下方节拍点，如图6-4所示。其他素材统一如此处理。

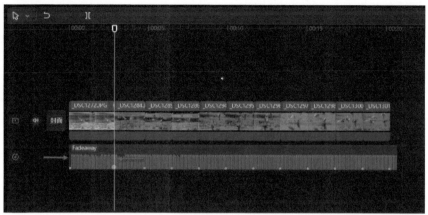

◆ 图6-4

　　在功能区选择"特效—特效效果—自然—破冰"，画面就会呈现出冰面破碎的效果，如图6-5所示。

◆ 图6-5

　　将此特效应用到所有视频素材中，可以在素材编辑区对特效效果进行微调，如图6-6所示。

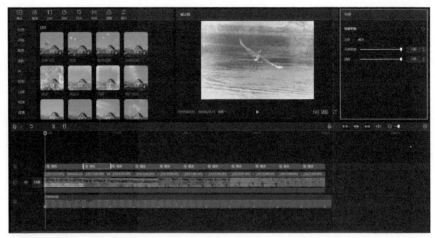

◆ 图6-6

02 旋转立方体卡点：
奇妙轮转变换

　　旋转立方体卡点，支持制作出充满三维立体感效果的短视频，旋转立方体卡点短视频的制作主要会用到剪映的自动踩点功能、"镜面"蒙版和"立方体"组合动画，下面介绍如何操作。

　　在剪映中导入多段素材，并将其添加到视频轨道中，再在功能区中选择合适的背景音乐添加到音频轨道中，如图6-7所示。

◆ 图6-7

选中音频轨道中的素材，单击"自动踩点"，选择"踩节拍Ⅰ"，音频轨道底部就会出现黄色节拍点，如图6-8所示。

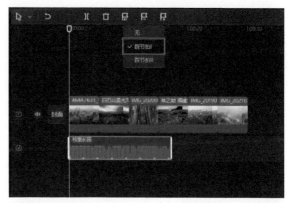

◆ 图6-8

在视频轨道中拖动第一个素材右侧的白色滑块，使其对齐下方节拍点，如图6-9所示。其他素材统一如此处理。

在预览窗口中设置视频大小，选择"9∶16（抖音）"，如图6-10所示。

098

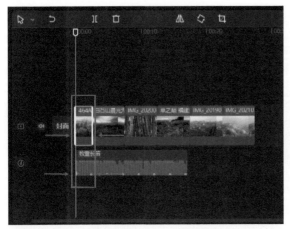

◆ 图6-9

◆ 图6-10

　　在视频轨道中选择第一个素材后，在素材编辑区"画面"下切换至"背景"，随后在"背景填充"列表框中选择"模糊"，如图6-11所示。其中会出现多个模糊度供选择，选择想要的模糊度，设置完成后单击"应用全部"，如图6-12所示。

◆ 图6-11

◆ 图6-12

调整完毕后，选中素材，在素材编辑区"动画"下切换至"入场"，选择"放大"入场动画，如图6-13所示。

◆ 图6-13

然后在"画面"下，切换至"蒙版"，选择"镜面"蒙版，如图6-14所示。

◆ 图6-14

调整蒙版方向，顺时针旋转90°；适当调整版羽化效果，画面边缘就会呈现渐变、透明的效果，如图6-15所示。

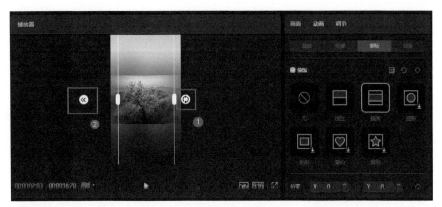

◆ 图6-15

在"动画"下切换至"组合"，选择"立方体"组合，将动画时长对应的滑块拖至最右，如图6-16所示。

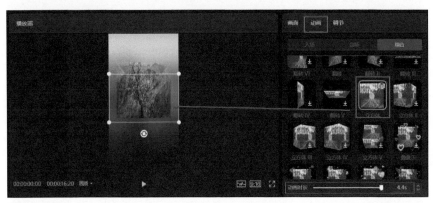

◆ 图6-16

在功能区选择"特效—特效效果—光—彩虹光"，如图6-17所示。

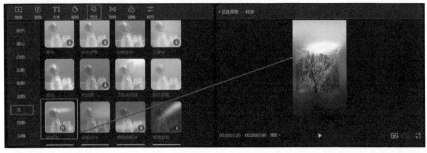

◆ 图6-17

　　将以上操作应用到所有视频素材中，可以
根据素材对特效效果进行自由选择，效果如图
6-18所示。

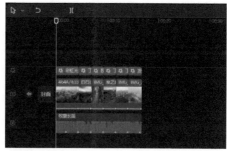

◆ 图6-18

03 抖动拍摄卡点：
动感录像机效果

　　抖动拍摄卡点能够模仿录像机的拍摄效果，让素材呈现出动感视频效果。抖动拍摄卡点视频的拍摄主要
会用到剪映的自动踩点功能、"向下甩入"的入场动画和"拍照声3"的音频效果等，下面介绍如何操作。

　　在剪映中导入多段素材，添加到视频轨道中，并在功能区中选择合适的背景音乐添加到音频轨道中，如图
6-19所示。

◆ 图6-19

选中音频轨道中的素材，单击"自动踩点"，选择"踩节拍Ⅰ"，音频轨道底部就会出现黄色节拍点，如图6-20所示。

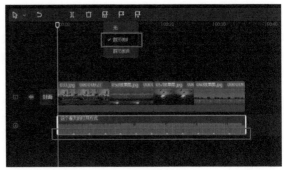

◆ 图6-20

在视频轨道中拖动第一个素材右侧的白色滑块，使其对齐下方节拍点，如图6-21所示，对所有素材统一如此处理。

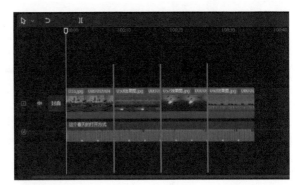

◆ 图6-21

选中素材，在功能区选择"特效—特效效果—基础—变清晰Ⅱ"，如图6-22所示。

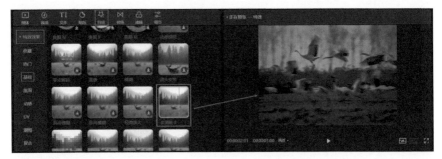

◆ 图6-22

继续选择"特效—特效效果—边框—录制边框Ⅱ"，如图6-23所示。

◆ 图6-23

选中第一个素材，在素材编辑区"动画"下切换至"入场"，选择"放大"入场动画，设置动画时长为2.7 s，如图6-24所示。

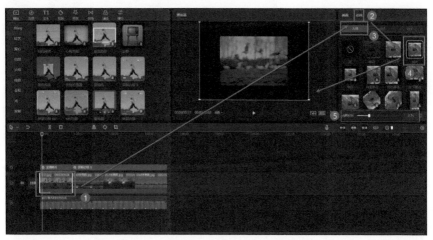

◆ 图6-24

其余素材使用"向下甩入"入场动画，动画时长设置为1.0 s，如图6-25所示。

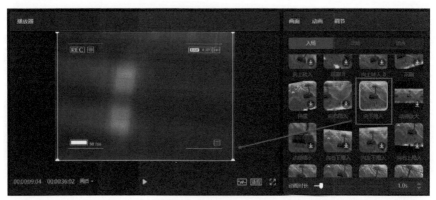

◆ 图6-25

　　本卡点效果能模仿录像机
的拍摄效果，所以需增加音效。
此处选择"音频—音效素材—
机械—拍照声3"，如图6-26
所示。

　　在每段素材开头插入音效，
模仿录像机拍摄效果，最终效果
如图6-27所示。

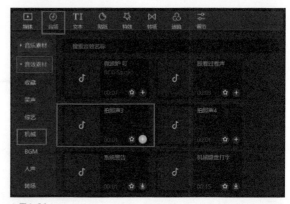

◆ 图6-26

◆ 图6-27

04 多屏切换卡点：无限分裂

多屏切换卡点会让视频呈现出视频画面跟随节拍、自动逐次分裂出多个相同视频画面的效果。多屏切换卡点视频的制作主要会用到剪映的自动踩点功能和"分屏"特效，下面介绍如何操作。

在剪映中导入素材，添加到视频轨道中，并在功能区中选择合适的背景音乐添加到音频轨道中，如图6-28所示。

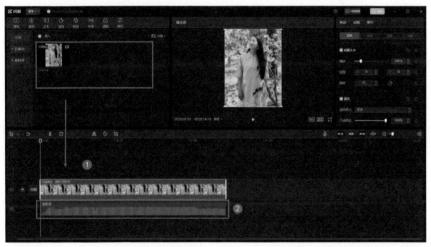

◆ 图6-28

选中音频轨道中的素材，单击"自动踩点"，选择"踩节拍Ⅰ"，音频轨道底部就会出现黄色节拍点，如图6-29所示。

106

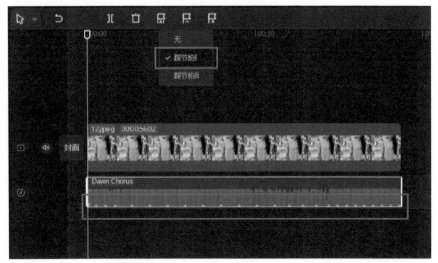

◆ 图6-29

选中素材，在功能区选择"特效—特效效果—分屏—两屏"，调整对齐节拍点，如图6-30所示。

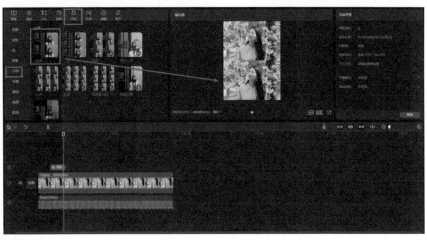

◆ 图6-30

使用"三屏"效果，调整对齐节拍点，如图6-31所示。节拍点太多可以适当舍弃，调整效果到合适的长度即可。

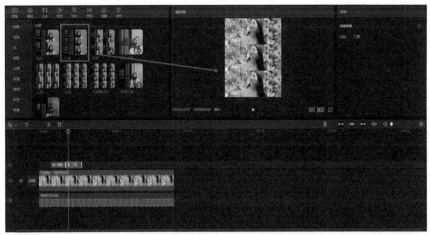

◆ 图6-31

使用"四屏"效果，调整对齐节拍点，如图6-32所示。节拍点太多可以适当舍弃，调整效果到合适的长度即可。

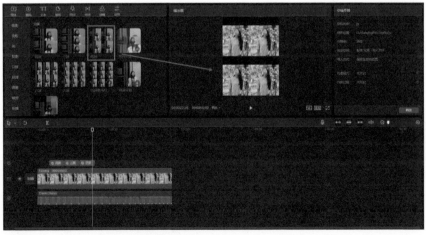

◆ 图6-32

使用"六屏"效果，调整对齐节拍点，如图6-33所示。节拍点太多可以适当舍弃，调整效果到合适的长度即可。

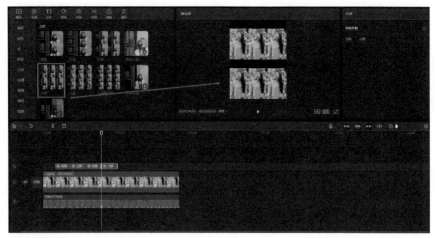

◆ 图6-33

使用"九屏"效果，调整对齐节拍点，如图6-34所示。节拍点太多可以适当舍弃，调整效果到合适的长度即可。

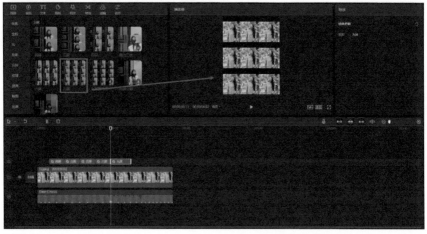

◆ 图6-34

将素材根据特效时长剪切开来，便于单独对画面进行调整，最后再加入"九屏跑马灯"特效，如图6-35所示。

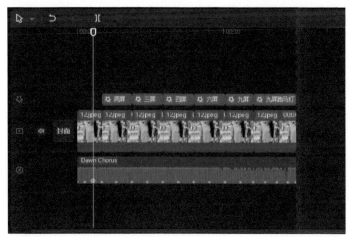

◆ 图6-35

选中素材，在素材编辑区"动画"下切换至"入场"，选择"向下甩入"入场动画，设置动画时长为1.0 s，如图6-36所示。

◆ 图6-36

选中素材，在功能区选择"特效—特效效果—氛围—星火炸开"，如图6-37所示。

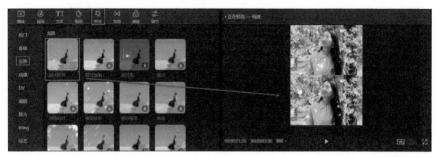

◆ 图6-37

　　可根据视频效果自由选用合适的特效，本案例中主要使用了"星火炸开"和"光斑飘落"特效，最终效果如图6-38所示。

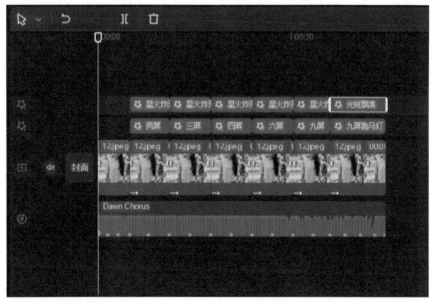

◆ 图6-38

05 风格反差卡点：
酷炫反差

　　风格反差卡点能使视频根据节拍点切换视频素材，使得视频有酷炫反差的效果。风格反差卡点视频的制作主要会用到剪映的自动踩点功能，"向下甩入""轻微放大""动感缩小"入场动画，下面介绍如何操作。

　　在剪映中导入所需素材，添加到视频轨道中，并在功能区中选择合适的背景音乐添加到音频轨道中，如图6-39所示。

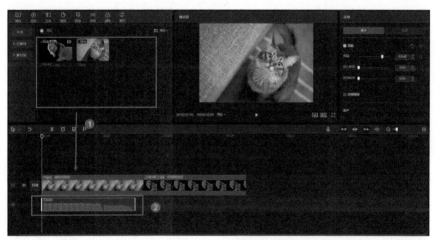

◆ 图6-39

　　选中音频轨道中的素材，单击"自动踩点"，选择"踩节拍Ⅰ"，音频轨道底部就会出现黄色节拍点，如图6-40所示。

◆ 图6-40

选中第一段素材,在功能区选择"特效—特效效果—基础—轻微放大",放置在该段素材尾部,调整时长对齐节拍点,如图6-41所示。

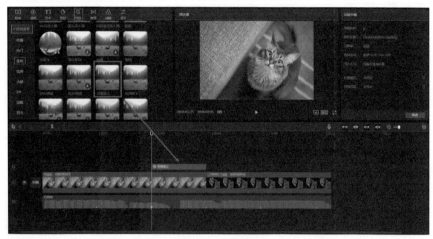

◆ 图6-41

选中第一段素材,在素材编辑区"动画"下切换至"入场",选择"向下甩入"入场动画,设置动画时长为1.9 s,如图6-42所示。

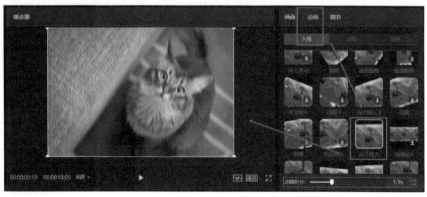

◆ 图6-42

　　选中第二段素材，在素材编辑区"动画"下切换至"入场"，选择"动感缩小"入场动画，设置动画时长为2.0 s，如图6-43所示。

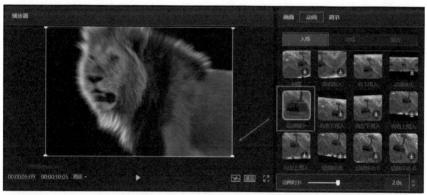

◆ 图6-43

　　在预览窗口确认视频最终效果，确认无误后即可导出视频，如图6-44所示。

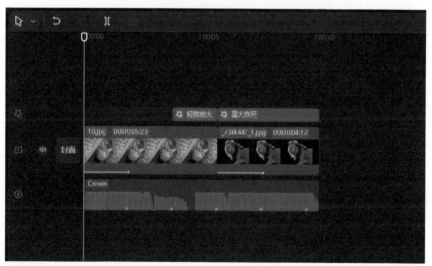

◆ 图6-44

创意让照片动起来

相册是承载过去美好回忆的集合体，一张张照片包含了满满的回忆。如今摄影技术快速发展，我们也应与时俱进，把一张照片做成视频再次回味当时的美好吧。

01 幸福记忆：
美好时光永存

孩子总是成长得很快，一转眼就从襁褓里的婴儿变成了能跑能跳的小孩，这值得拍照纪念，让美好时光永存。本实例主要会用到"月升之国"和"萤火"特效，"荡秋千Ⅱ"组合动画和"画笔擦除"遮罩转场，下面介绍如何操作。

首先，将素材导入剪映并加入视频轨道中，如图7-1所示。

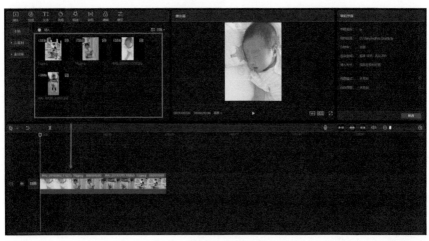

◆ 图7-1

选中素材，在功能区选择"滤镜—滤镜库—影视级—月升之国，如图7-2所示。

◆ 图7-2

选中第一个素材，在素材编辑区"动画"下切换至"组合"，选择"荡秋千Ⅱ"组合动画，如图7-3所示。

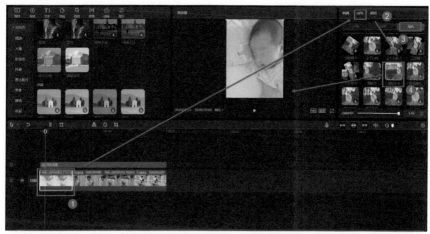

◆ 图7-3

在功能区选择"转场—转场效果—遮罩转场-画笔擦除"，调整转场时长并应用到所有素材，如图7-4所示。

◆ 图7-4

选择"特效—特效效果—基础—萤火"，如图7-5所示。

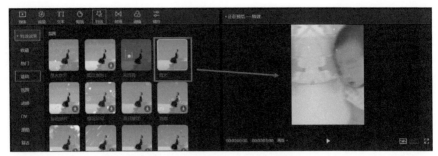

◆ 图7-5

最终效果如图7-6所示，在预览窗口确认无误后，加入合适的背景音乐即可导出视频。

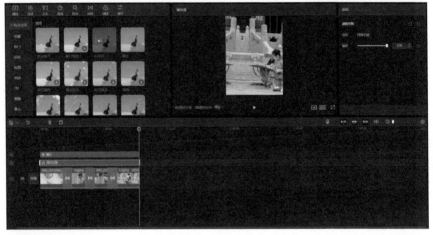

◆ 图7-6

02 青春停留：
还是从前那个少年

　　"我还是从前那个少年，没有一丝丝改变。"这句脍炙人口的歌词来自热门歌曲《少年》，极具共鸣感的歌词、正能量满满的旋律触动了听众的内心，激发出听众内心的热血。下面就向大家介绍如何用这首歌制作一个关于青春回忆的视频。

首先在剪映中导入四个素材，并添加到视频轨道中，如图7-7所示。

◆ 图7-7

选中第一个素材，在素材编辑区"动画"下切换至"入场"，选择"放大"入场动画，如图7-8所示。

◆ 图7-8

选中第二个素材，在素材编辑区"动画"下切换至"入场"，选择"向右下甩入"入场动画，如图7-9所示。

◆ 图7-9

选中第三个素材,在素材编辑区"动画"下切换至"入场",选择"向左下甩入"入场动画,如图7-10所示。

◆ 图7-10

选中第四个素材,在素材编辑区"动画"下切换至"入场",选择"向右下甩入"入场动画,如图7-11所示。

◆ 图7-11

选中第一个素材，在功能区选择"特效—特效效果—基础—变清晰"，如图7-12所示。

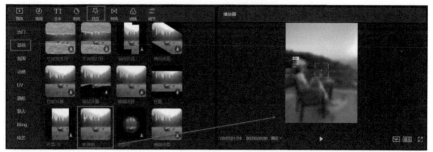

◆ 图7-12

在素材编辑区中根据视频需要对特效的模糊强度和对焦速度进行设置，如图7-13所示。

◆ 图7-13

在功能区选择"特效—特效效果—氛围—星火Ⅱ"，并应用到之后所有的素材，如图7-14所示。

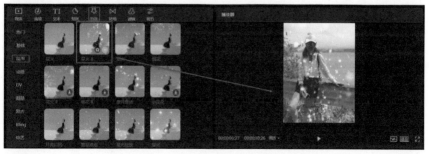

◆ 图7-14

切换至"音频",在搜索框
中输入"少年"即可查找到《少
年》BGM,如图7-15所示,将其
添加到音频轨道。

◆ 图7-15

将BGM添加到音频轨道后,
对其进行编辑,使其时长与视频
时长一致,如图7-16所示。

选中音频中的素材,单击功能
区"文本"下的"识别歌词",再
单击"开始识别"即可将歌词内
容转为字幕,如图7-17所示。

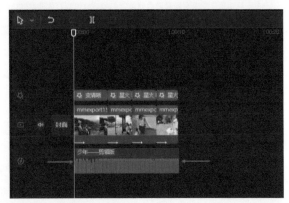

◆ 图7-16

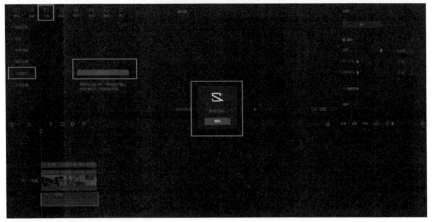

◆ 图7-17

选中文本轨道中的字幕，在素材编辑区"文本"下切换至"花字"对字幕样式进行修改，如图7-18所示。一次修改即可应用到所有字幕。

◆ 图7-18

修改字幕样式后可在预览窗口中对字幕进行拖动和修改大小等操作，如图7-19所示。

◆ 图7-19

124

选中字幕，在"动画"下切换至"入场"，使用"打字机Ⅱ"动画，将动画时长对应的滑块拖至最右，并应用到所有字幕中，如图7-20所示。

◆ 图7-20

最后预览视频确认效果后即可将成品导出，最后效果如图7-21所示。

◆ 图7-21

03 翻页影集：
让记忆一页页翻过

翻页影集可以让记忆中的美好时光随着书页的翻动慢慢涌上心头。翻页影集主要会用到剪映的"线性"蒙版和"镜像翻转"动画，模拟翻书页般的视频切换效果，下面介绍如何操作。

首先在剪映中导入多段素材，将其添加到视频轨道中，如图7-22所示。

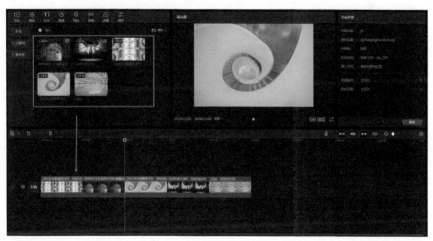

◆ 图7-22

选择第二段素材，将其拖动到画中画轨道上，并与视频起始处对齐，如图7-23所示。

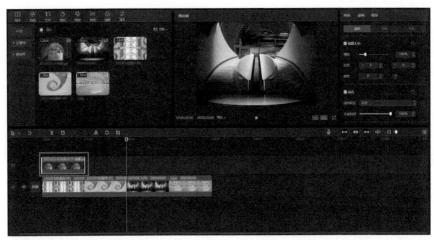

◆ 图7-23

　　选中画中画轨道上的素材，在素材编辑区"画面"下切换至"蒙版"，选择"线性"蒙版效果，在预览窗口中逆时针旋转蒙版，如图7-24所示。

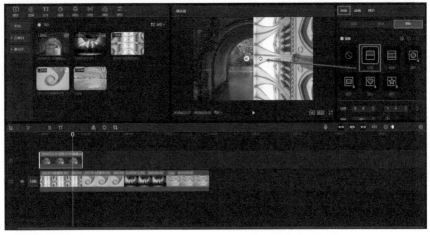

◆ 图7-24

将画中画轨道上的素材复制到一个新的画中画轨道中，并适当调整其位置，如图7-25所示。

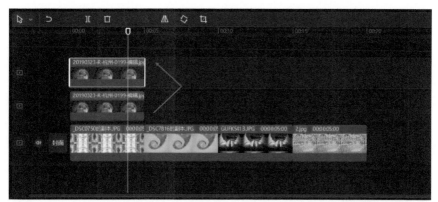

◆ 图7-25

选中第二个画中画轨道中的素材，在素材编辑区"画面"下切换至"蒙版"，选择"线性"蒙版效果，单击"反转"即可使用反转蒙版效果，如图7-26所示。

◆ 图7-26

选中第一个画中画轨道中的素材，将其时长调整为原来的一半，如图7-27所示。

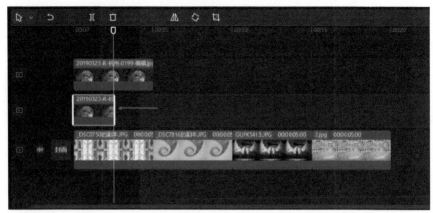

◆ 图7-27

将第一段素材复制到第一个画中画轨道中，并对其位置进行适当调整，将时间轴拖动至第一段素材结尾，并对素材进行分割，如图7-28所示。

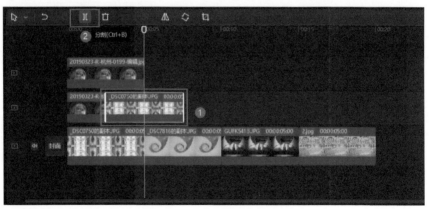

◆ 图7-28

　　选择分割的前半段素材，在素材编辑区"画面"下切换至"蒙版"，选择"线性"蒙版效果，在预览窗口中顺时针旋转蒙版，如图7-29所示。

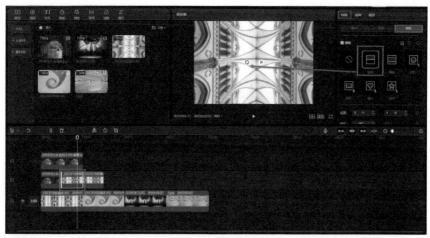

◆ 图7-29

　　在素材编辑区"动画"下切换至"入场"，选择"镜像翻转"入场动画，将动画时长对应的滑块拖至最右，如图7-30所示。

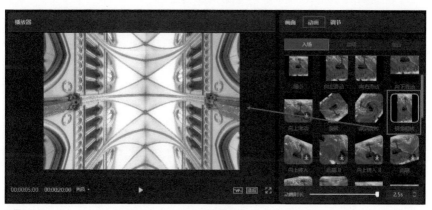

◆ 图7-30

130

选中第一个画中画轨道中的第一段素材，在素材编辑区"动画"下切换至"出场"，选择"镜像翻转"出场动画，将动画时长对应的滑块拖至最右，如图7-31所示。

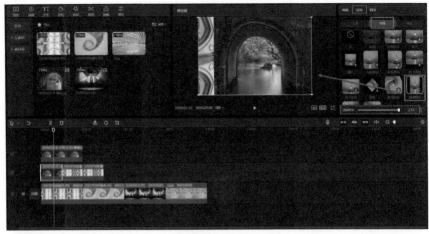

◆ 图7-31

重复上述操作即可实现书页翻过的效果，完成后的时间轴面板如图7-32所示。

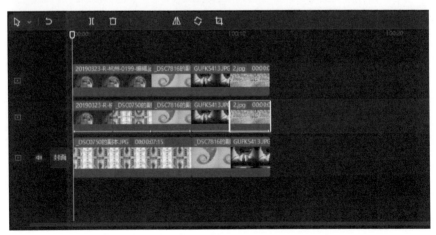

◆ 图7-32

04 动态照片：
创意九宫格

本实例教大家如何制作出创意十足的微信九宫格，呈现出动态写真效果。制作动态照片主要会用到剪映的"滤色"混合模式，同时加上各种特效、贴纸和动画，实现动态写真效果。下面介绍具体的操作。

首先在剪映中导入素材并将其加入视频轨道中，然后将素材按时间长度一分为二，如图7-33所示。

◆ 图7-33

选中第一段素材，在功能区选择"特效—特效效果—基础—模糊"，并让特效时长与第一段素材时长相同，效果如图7-34所示。

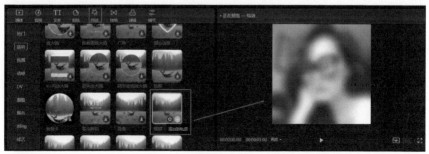

◆ 图7-34

选择"贴纸—贴纸效果—闪闪",在其中选择合适的或者自己喜欢的贴纸,效果如图7-35所示。

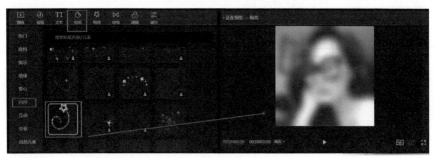

◆ 图7-35

在素材编辑区调整贴纸参数,如图7-36所示,并且让贴纸素材时长与第一段视频素材时长一致。

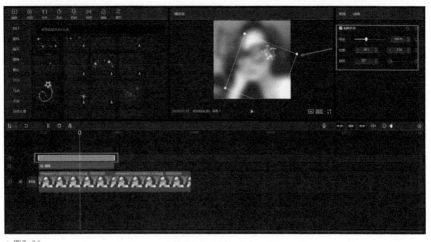

◆ 图7-36

选中第二段素材,在素材编辑区"动画"下切换至"入场",选择"动感放大"入场动画,将动画时长调至1.5 s,如图7-37所示。

◆ 图7-37

　　在功能区选择"特效—特效效果—Bling—温柔细闪"，并让特效时长与第二段素材时长相同，在素材编辑区调整特效参数，如图7-38所示。

◆ 图7-38

　　将调整好的视频导出，再次单击"开始创作"，之后将导出的视频素材、朋友圈截屏素材导入剪映中。要获取朋友圈截屏素材，需要将朋友圈首页背景换成纯黑，并发一条带有九张纯黑图片的朋友圈，然后截屏。将朋友圈截屏素材导入主轨道，视频素材导入画中画轨道，如图7-39所示。

134

◆ 图7-39

选中画中画轨道中的视频素
材，在预览窗口对视频素材进行
调整，使其与朋友圈截屏素材的
九宫格大小一致，效果如图7-40
所示。

◆ 图7-40

选中视频素材，在素材编辑区"画面"下选择"基础"，勾选"混合"，随后在"混合模式"列表框
中选择"滤色"，如图7-41所示。

◆ 图7-41

　　将视频素材复制到第二个画中画轨道中，移至背景图处并调整大小以与背景图一致，然后在素材编辑区"画面"下选择"基础"，勾选"混合"，随后在"混合模式"列表框中选择"滤色"。此时会发现视频中有一块突出背景图，这时切换至"蒙版"，选择"线性"蒙版，对视频大小进行调整，如图7-42所示。

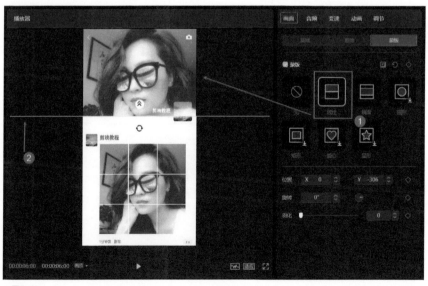

◆ 图7-42

最后预览视频效果，如图7-43所示，确认无误后即可添加背景音乐导出。

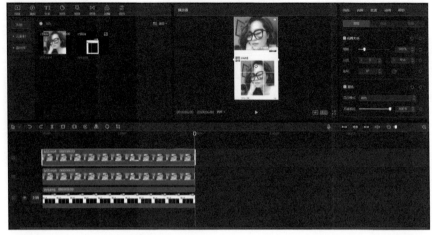

◆ 图7-43

05 蒙版特效：揭开神秘面纱

蒙版特效可以让画面随着音乐一步步慢慢显现出来，有一种揭开层层面纱的神秘感和惊喜感。本实例主要会用到剪映的蒙版功能，以及多个画中画轨道合成来实现照片画面的抠图效果，下面介绍如何操作。

首先在剪映中切换至功能区的"媒体"，在其中选择"素材库"下的"黑场"素材，将其加入视频轨道中，如图7-44所示。

然后导入视频素材到剪映中，并加入画中画轨道；再加入音频，并在音频中加入节拍点，如图7-45所示。

选中视频素材，根据节拍点将素材进行分割，如图7-46所示。

◆ 图7-44

◆ 图7-45

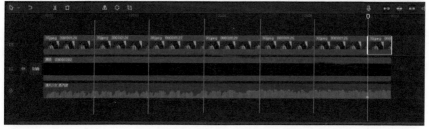

◆ 图7-46

138

选中第一个画中画轨道中的第一段素材，在素材编辑区"画面"下切换至"基础"，将不透明度调至最低，如图7-47所示。

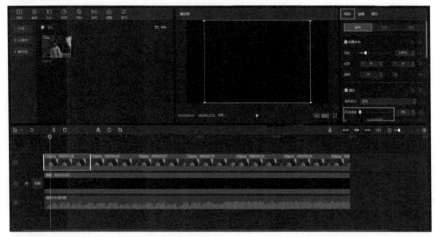

◆ 图7-47

选中第一个画中画轨道中的第二段素材，在素材编辑区"画面"下切换至"蒙版"，选择"爱心"蒙版，并对蒙版的大小、位置和羽化效果进行适当调整，如图7-48所示。

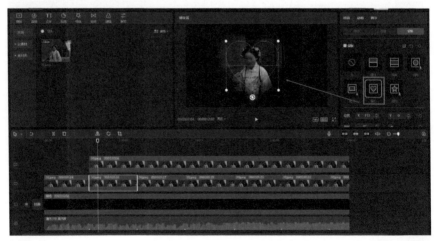

◆ 图7-48

将第二段已经编辑过的素材复制到另一个画中画轨道中，如图7-49所示。

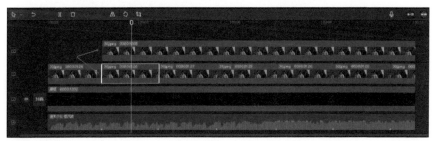

◆ 图7-49

选中第一个画中画轨道中的第三段素材，在素材编辑区"画面"下切换至"蒙版"，选择"星形"蒙版并进行适当调整，如图7-50所示，然后将编辑过的第三段素材复制到一个新的画中画轨道中。剩下的除最后一段素材外的几段素材按照上述步骤进行重复操作。

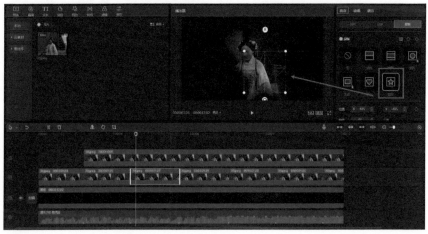

◆ 图7-50

选中第一个画中画轨道中的最后一段素材，在素材编辑区"画面"下切换至"蒙版"，选择"爱心"蒙版，并将蒙版调整至全屏大小，如图7-51所示。

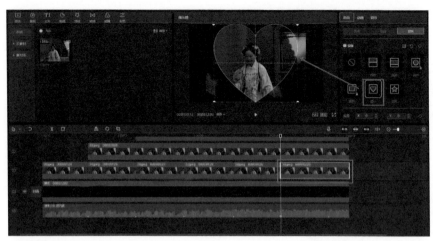

◆ 图7-51

选中第一个画中画轨道中的最后一段素材，在素材编辑区"动画"下切换至"组合"，选择"滑入波动"动画，将动画时长调至最长，如图7-52所示。

◆ 图7-52

　　在功能区选择"特效—特效效果—氛围—蝴蝶"，如图7-53所示，并将特效时长调至与视频时长一致。

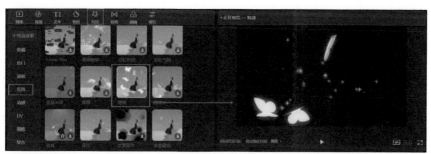

◆ 图7-53

　　最后在预览窗口确认视频内容，确认无误后视频成品即可导出发布，如图7-54所示。

◆ 图7-54

转场特效引人入胜

无论是电视剧剪辑还是电影剪辑，总是少不了视频转场特效。在视频中加入转场特效，可以使前后画面衔接更加自然，影片更加意味深长。本章将介绍一些转场特效的使用方法。

01 转场特效：
凭空出现

抖音中热门的扔衣服转场既抓人眼球又不失趣味，制作起来非常简单。首先要拍摄两段视频素材，然后通过剪映的"闪白"转场效果衔接两段素材，下面介绍如何操作。

首先将两段视频素材导入剪映，并加入视频轨道，如图8-1所示。

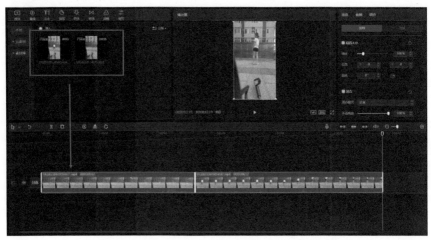

◆ 图8-1

选中第一段素材，拖动时间轴至视频中衣服落下处，单击"分割"进行素材分割。将第一段素材分割后的后半段删除，如图8-2所示。

选中第二段素材，拖动时间轴至视频中人物落下处，单击"分割"进行素材分割。将第二段素材分割后的前半段删除，如图8-3所示。

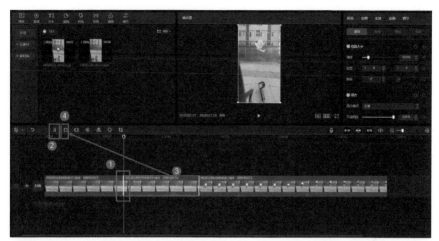

◆ 图8-2

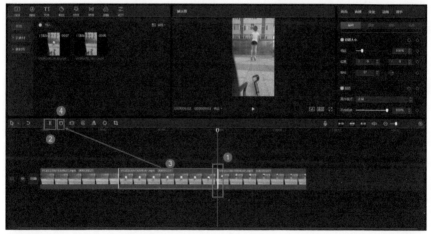

◆ 图8-3

　　选中第二段素材,在素材编辑区"变速"下切换至"常规变速",适当调整倍数参数,延长视频播放时间,如图8-4所示。

146

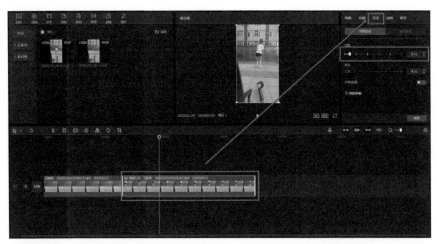

◆ 图8-4

在功能区选择"滤镜—滤镜库—风景—晴空",如图8-5所示,让画面更加明朗。

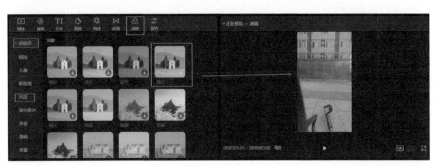

◆ 图8-5

将滤镜加入滤镜轨道后,拖动滤镜右侧滑块使滤镜时长与视频时长相同,如图8-6所示。

◆ 图8-6

在功能区选择"调节—调节-自定义—自定义调节"并加入轨道，然后调整时长使之与视频时长相同，如图8-7所示。

◆ 图8-7

在素材编辑区对调节参数进行修改，如图8-8所示，增强画面整体色彩和层次感，直至满意为止。

◆ 图8-8

在功能区选择"转场—转场效果—基础转场—闪白"并加入轨道，如图8-9所示。

148

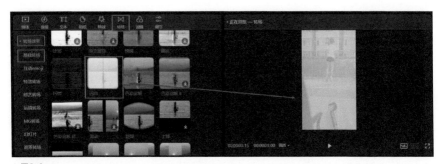

◆ 图8-9

选中素材，在素材编辑区可对转场参数进行设置，在此处设置转场时长为0.5 s，如图8-10所示。

◆ 图8-10

最后加入适合的音乐，即可导出完成的视频。

02 无缝转场：丝滑变换

无缝转场使视频间的连贯性大大提升，给观众带来丝滑的感受。本实例主要会用到"线性"蒙版和添加关键帧的组合功能，下面介绍如何操作。

首先将两段素材导入剪映并加入视频轨道中，如图8-11所示。

◆ 图8-11

将主轨道中的第一段素材移至画中画轨道中，如图8-12所示。

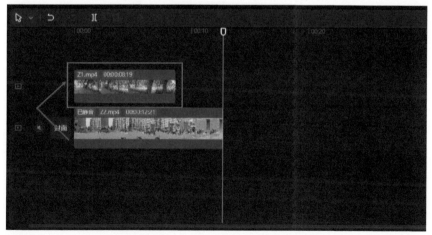

◆ 图8-12

选中画中画轨道上的素材，在素材编辑区"画面"下切换至"基础"，将时间轴定位至树木即将完全出现的位置，在这个位置插入关键帧，如图8-13所示。

150

◆ 图8-13

插入关键帧后在轨道中会出现一个白色小方块，被选中时小方块呈蓝色，如图8-14所示。

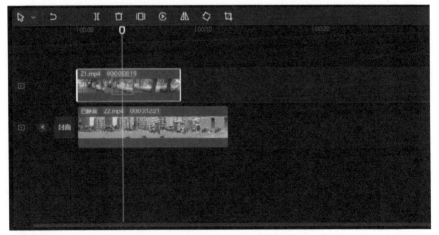

◆ 图8-14

选中画中画轨道中的素材，在素材编辑区"画面"下切换至"蒙版"，选择"线性"蒙版，调整蒙版位置，逐帧调整蒙版位置并插入关键帧，如图8-15所示。

◆ 图8-15

调整两个轨道中的视频素材的长度使其保持一致，如图8-16所示。

◆ 图8-16

连续插入关键帧后会在轨道上显示多个关键帧组合成的白色长块，如图8-17所示。最后在预览窗口对视频进行确认，确认无误后即可导出视频成品。

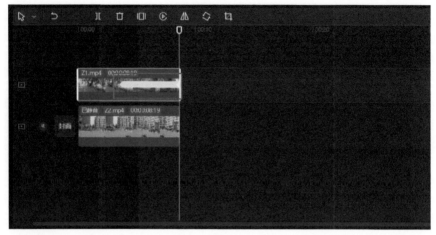

◆ 图8-17

03 快闪转场：
酷炫风格

快闪的画面节奏张弛有度，配上酷炫的踩点音乐，让人情不自禁沉浸其中。本实例主要会用到"变暗"的混合模式和多个转场特效，下面介绍如何操作。

首先将素材导入剪映并加入视频轨道中，如图8-18所示。

将文字素材加入画中画轨道中，并注意调整素材的时长，如图8-19所示。

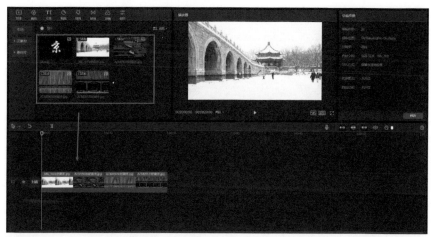

◆ 图8-18

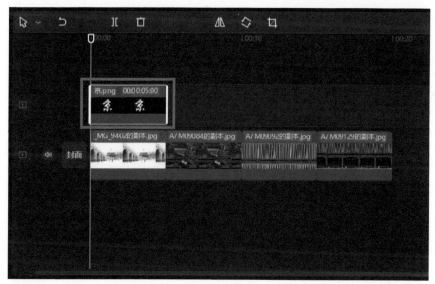

◆ 图8-19

　　选中画中画轨道中的素材，在素材编辑区"画面"下切换至"基础"，在"混合模式"列表框中选择"变暗"。这时能看到中间白字的位置显露出主轨道的画面，如图8-20所示。

◆ 图8-20

在素材编辑区"动画"下切换至"组合",选择"拉伸扭曲"组合动画,将动画时长调至最长,如图8-21所示。

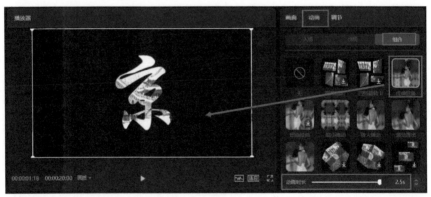

◆ 图8-21

在功能区选择"转场—转场效果—特效转场—分割",在素材编辑区将转场时长调整为0.5 s,如图8-22所示。

◆ 图8-22

　　在"特效转场"中选择"分割Ⅲ"并插入第二段素材与第三段素材分界处，在素材编辑区将转场时长调整为0.5 s，如图8-23所示。

◆ 图8-23

　　在"特效转场"中选择"分割Ⅳ"并插入第三段素材与第四段素材分界处，在素材编辑区将转场时长调整为0.5 s，如图8-24所示。

◆ 图8-24

在功能区选择"特效—特效效果—潮酷—局部色彩",并在素材编辑区对特效参数进行设置,调整特效时长,如图8-25所示。随后添加合适的音乐即可导出视频。

◆ 图8-25

04 抠图转场：突出主体

抠图转场是将视频中某个显眼的标志抠下来，再由这局部带出整体的一种转场方法，非常酷炫。本实例主要会用到剪映的动画功能，并搭配其他后期图像编辑软件的抠图功能，下面介绍如何操作。

首先将三段素材导入剪映并加入视频轨道中，如图8-26所示。

◆ 图8-26

将时间轴定位至第二段素材的第一帧，然后单击预览窗口右下角的全屏图标，如图8-27所示。

158

◆ 图8-27

单击后画面会全屏显示，待画面下方进度条消失后，将此时完整的全屏画面截取下来，如图8-28
所示。

◆ 图8-28

在后期图像编辑软件中将截取下来的图片中的显眼标志抠出来，然后导入剪映并加入画中画轨道，如
图8-29所示。

◆ 图8-29

　　对抠下来的图片素材进行调整，使其与视频中的标志大小一致，如图8-30所示。如果难以调整，可以选中抠好的素材，在素材编辑区调整其透明度，便于与原图对比调整大小。

◆ 图8-30

160

调整图片素材位置，使其位于第一段素材结尾、第二段素材起始处，如图8-31所示。

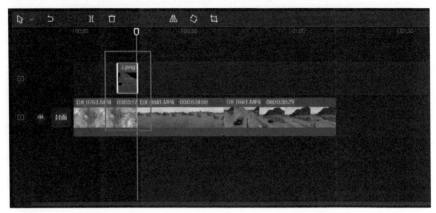

◆ 图8-31

　　选中图片素材，在素材编辑区"动画"下切换至"入场"，选择"放大"入场动画，将动画时长调至最长，如图8-32所示。

◆ 图8-32

　　同样在图片编辑软件中将在第三段素材中截取下来的图片中的显眼标志抠出来，然后导入剪映并加入画中画轨道，素材排列如图8-33所示。

◆ 图8-33

对抠下来的图片素材进行调整，使其与视频中的标志大小一致，如图8-34所示。

◆ 图8-34

选中图片素材，在素材编辑区"动画"下切换至"入场"，选择"放大"入场动画，将动画时长调至最长，如图8-35所示。

◆ 图8-35

最后在预览窗口确认效果，如图8-36所示，加入合适的音乐即可导出视频。

◆ 图8-36

05 叠化转场：
重影瞬移

　　叠化转场支持制造出人物瞬间移动和重影消失的效果，这一效果主要会用到剪映的剪辑功能和"叠化"转场。下面介绍具体的操作方法。

　　首先在剪映中导入三段素材，将素材添加到视频轨道中，如图8-37所示。

◆ 图8-37

　　选中第一段视频素材，在素材编辑区"变速"下切换至"常规变速"，将倍数参数设置为0.3×，如图8-38所示。

　　然后选中第二段视频素材，同样在素材编辑区"变速"下切换至"常规变速"，将倍数参数设置为0.3×，如图8-39所示。

164

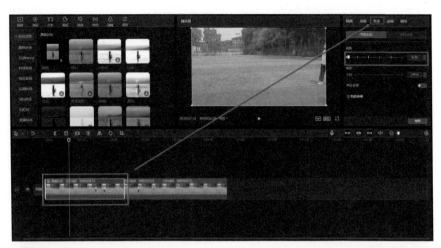

◆ 图8-38

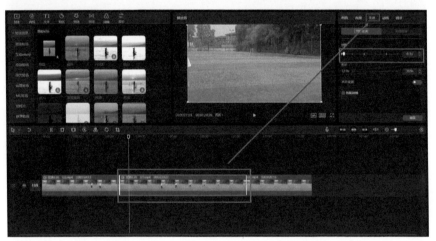

◆ 图8-39

　　将时间轴定位至6 s左右处，单击时间线轨道上方"分割"，进行分割处理，如图8-40所示。

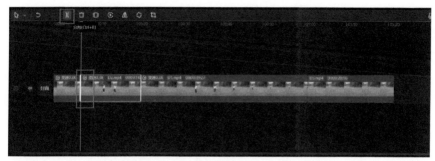

◆ 图8-40

将时间轴定位至20 s左右处，单击时间线轨道上方"分割"，进行分割处理，如图8-41所示。

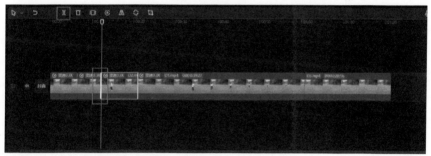

◆ 图8-41

将分割后中间的素材删除，如图8-42所示。

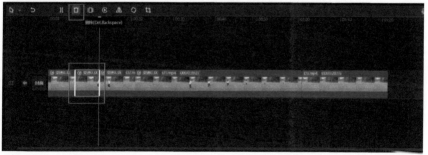

◆ 图8-42

在功能区选择"转场—转场效果—基础转场—叠化"并加入轨道，如图8-43所示。

◆ 图8-43

将转场加入素材分界处后，在素材编辑区对转场时长进行设置，此处将转场时长调至最长，如图8-44所示。

◆ 图8-44

与上一步骤相同，将转场加入素材分界处后，在素材编辑区对转场时长进行设置，此处将转场时长调至最长，如图8-45所示。

◆ 图8-45

对于第二段素材，将时间轴定位至22s左右处，单击时间线轨道上方"分割"，进行分割处理，如图8-46所示。

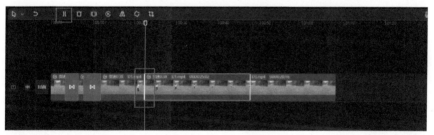

◆ 图8-46

将时间轴定位至33s左右处，单击时间线轨道上方"分割"，进行分割处理，并删除两次分割后中间的素材，如图8-47所示。

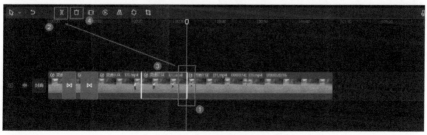

◆ 图8-47

用同样的方法将转场加入素材分界处，在素材编辑区对转场时长进行设置，此处将转场时长调至最长，如图8-48所示。

◆ 图8-48

继续将转场加入素材分界处，在素材编辑区对转场时长进行设置，此处将转场时长调至最长，如图8-49所示。

◆ 图8-49

单击功能区内的"调节"，将"自定义调节"加入轨道，并调整其时长使之与视频时长相同，可在素材编辑区对调节参数进行设置，如图8-50所示。

◆ 图8-50

对调节参数进行设置，如图8-51所示，使画面变得鲜艳、明亮，让人赏心悦目。

◆ 图8-51

完成后在预览窗口进行最后的确认，确认无误后即可加入合适的音乐再导出视频，导出后可在各大平台发布。

打造「爆款」短视频

在短视频平台中能看到许多酷炫的短视频，看起来制作难度很大，其实并不难，都能通过剪映中的功能制作出来。本章将介绍多个「爆款」短视频的制作方法。

172

01 凌波微步：
人物重影效果

大家常常在影视作品中看到"凌波微步"这样高超的武功，学习了技巧之后你也能够将"凌波微步"用到短视频中。本实例主要会用到剪映的常规变速和不透明度等功能，下面介绍如何操作。

首先在剪映中导入素材，将素材加入视频轨道中，如图9-1所示。

◆ 图9-1

拖动时间轴至合适的位置，将多段视频素材分别添加到两条画中画轨道中，起始时间分别为0.5 s和1.0 s附近，如图9-2所示。

单击主轨道上的素材，在素材编辑区"变速"下切换至"常规变速"，调整倍数参数，设置为2.0×，如图9-3所示。

对两条画中画轨道上的素材也采取同样操作，如图9-4所示。

◆ 图9-2

◆ 图9-3

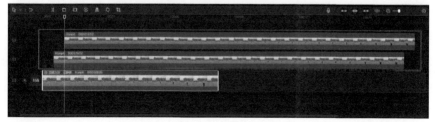

◆ 图9-4

174

选中画中画轨道中的素材，在素材编辑区"画面"下切换至"基础"，将不透明度设置为50%，如图
9-5所示，另一条画中画轨道中的素材也如此操作。

◆ 图9-5

在功能区选择"滤镜—滤镜库—风景—小镇"，并将滤镜时长设置为与视频总时长相同，如图9-6
所示。

◆ 图9-6

最终在预览窗口确认无误后，加入合适的音频即可导出视频。

02　突然消失：粒子特效合成

人物变成粒子后消失是利用粒子特效合成制作出的一种非常有趣的短视频效果。该实例主要会用到剪映中的"叠化"转场，下面介绍如何操作。

首先，在剪映中导入两段素材，并将素材加入视频轨道，如图9-7所示。

◆ 图9-7

调整视频大小，单击预览窗口右下角的"适应"或"原始"，将视频设置为"9:16（抖音）"，如图9-8所示。

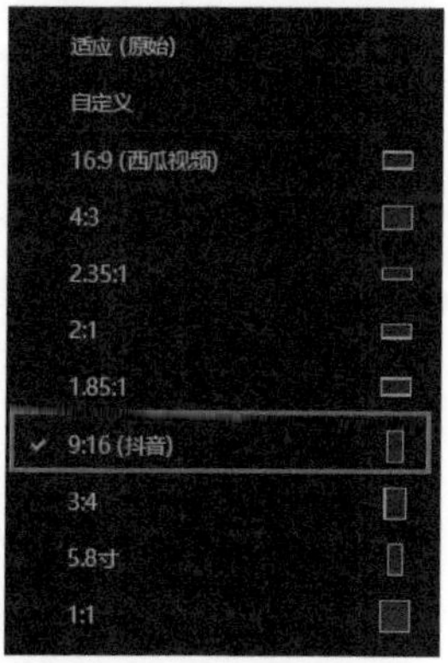

◆ 图9-8

176

将转换视频大小后横屏显示的视频调整至竖屏全屏显示，如图9-9所示。

◆ 图9-9

在功能区选择"转场—转场效果—基础转场—叠化"并加入轨道，如图9-10所示。

◆ 图9-10

　　将转场加入素材分界处后，在素材编辑区对转场时长进行设置，将此处的叠化转场时长调至最长，如图9-11所示。

◆ 图9-11

　　将粒子特效视频素材导入剪映，并加入画中画轨道，如图9-12所示。

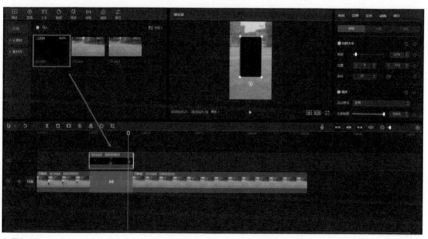

◆ 图9-12

　　选中画中画轨道中的素材，在素材编辑区"画面"下切换至"基础"，在"混合模式"列表框中选择"滤色"，如图9-13所示。

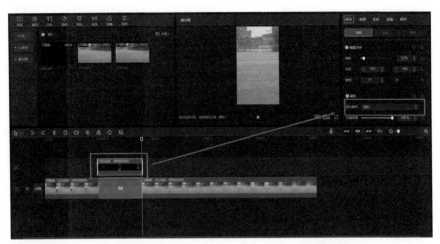

◆ 图9-13

对画中画轨道中的素材进行调整,使其与视频轨道中素材中的人物消失的位置重叠,如图9-14所示。

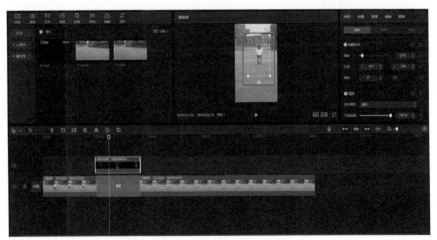

◆ 图9-14

完成后预览视频,观察视频效果,如图9-15所示,随后即可添加合适的背景音乐并导出视频。

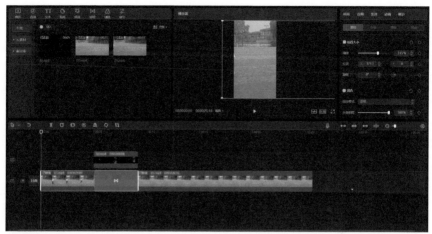

◆ 图9-15

03 双人分身：
同一时空的相遇

本实例需要用到线性蒙版功能，线性蒙版可将相同地点、相同机位拍摄的视频拼接起来，制作出相同时空里自己与自己相遇的人物分身效果。

在剪映中导入所需的两段视频，将视频加入轨道中，如有特殊需求则需区分主轨道和画中画轨道，如图9-16所示。

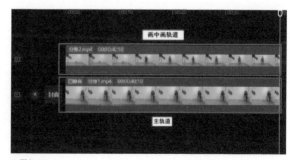

◆ 图9-16

180

选择画中画轨道中的素材，在素材编辑区选择"画面-蒙版-线性"，如图9-17所示。效果如图9-18所示。

◆ 图9-17

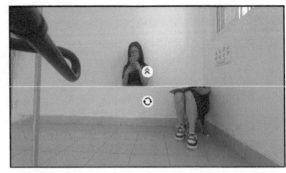
◆ 图9-18

加入"线性"蒙版后，根据需要对视频进行调整，如图9-19所示；通过调整①，可对视频分界处进行渐变处理，使过渡更自然，效果如图9-20所示；通过调整②，可以选择蒙版覆盖范围，效果如图9-21所示；通过调整③，可以改变蒙版的覆盖区域，效果如图9-22所示。

◆ 图9-19

◆ 图9-20

◆ 图9-21

◆ 图9-22

在制作时要保证两个视频素材长度一致，如图9-23所示。避免在视频最后出现另一半画面突然消失的
情况，如图9-24所示。

◆图9-23

◆图9-24

最后添加合适的背景音乐，再次预览视频，确认无误后即可导出。

04 偷天换日：
改变天空

剪映支持实现蓝天白云秒变夜空的效果。本实例主要会用到"线性"蒙版和"正片叠底"的混合模
式，下面介绍如何操作。

首先在剪映中导入素材，将蓝天白云素材加入主轨道中，如图9-25所示。

182

◆ 图9-25

  然后将夜空素材加入画中画轨道中，并且夜空素材时长要短于蓝天白云素材时长，给转变预留时长，如图9-26所示。

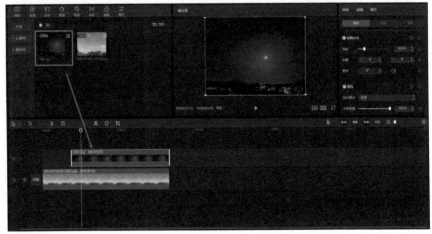

◆ 图9-26

　　选中画中画轨道中的素材，在素材编辑区"画面"下切换至"蒙版"，选择"线性"蒙版，如图9-27所示，并对蒙版的位置和羽化效果进行调整。

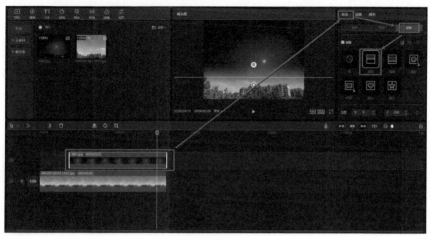

◆ 图9-27

　　随后在素材编辑区"画面"下，对画中画轨道中的素材位置大小进行调整，使衔接更自然，如图9-28所示。

◆ 图9-28

在"画面"下选择"基础",在"混合模式"列表框中选择"正片叠底",如图9-29所示。

◆ 图9-29

单击功能区内的"调节",将"自定义调节"加入轨道,并调整时长使之与夜空视频时长相同,如图9-30所示。

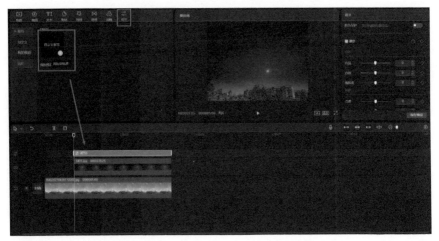

◆ 图9-30

在素材编辑区对调节参数进行设置,让主轨道和画中画轨道中的两个素材更好地融合过渡,如图9-31所示。

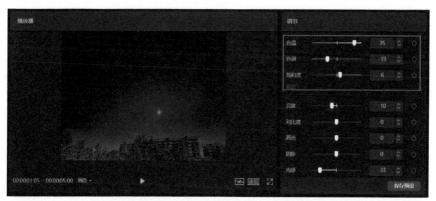

◆ 图9-31

在功能区选择"特效—特效效果—Bling—星夜",如图9-32所示。

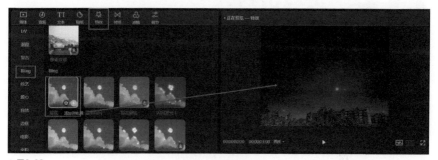

◆ 图9-32

在素材编辑区调整特效参数,如图9-33所示。

◆ 图9-33

让特效时长与画中画轨道中
素材时长相同，如图9-34所示，
最后加入合适的背景音乐导出
视频。

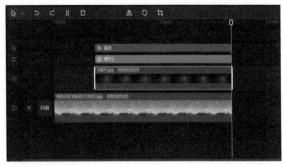

◆ 图9-34

05 灵魂出窍：不透明度调整

"灵魂出窍"是一种非常有趣的短视频效果，制作轻松。本实例主要会用到剪映中的不透明度功能，下面介绍如何操作。

首先在剪映中导入素材，将素材加入主轨道中，如图9-35所示。

◆ 图9-35

然后在画中画轨道中加入相同的素材，如图9-36所示。

◆ 图9-36

选中画中画轨道中的素材，将时间轴拖动至人物即将起身的位置，单击"分割"，将前半段素材删除，如图9-37所示。

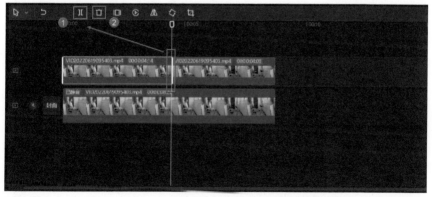

◆ 图9-37

选中主轨道中的素材，将时间轴拖动至人物即将起身的位置，单击"分割"，将后半段素材删除，如图9-38所示。

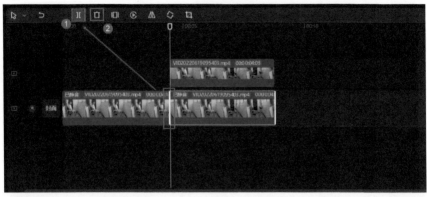

◆ 图9-38

移动主轨道与画中画轨道中的素材，让它们在结尾处对齐。选中画中画轨道中的素材，在素材编辑区"画面"下切换至"基础"，将不透明度设置为30%，如图9-39所示。完成后即可将视频导出。

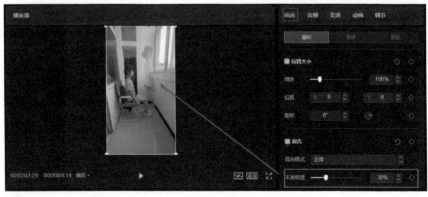

◆ 图9-39

06 地面塌陷：绿幕影像合成

在剪映中使用绿幕素材，通过画中画轨道及剪辑手法，可以制作出地面塌陷的效果。下面介绍如何操作。

首先在剪映中导入拍摄好的素材，加入视频轨道中，如图9-40所示。

◆ 图9-40

在功能区选择"媒体—素材库—绿幕素材—地洞"，将其加入画中画轨道中，如图9-41所示。

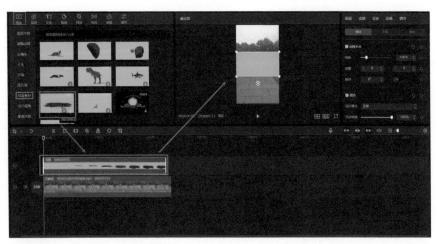

◆ 图9-41

选中绿幕素材，在素材编辑区"画面"下切换至"抠像"，勾选"色度抠图"，单击"取色器"，选取要抠掉的颜色，如图9-42所示。

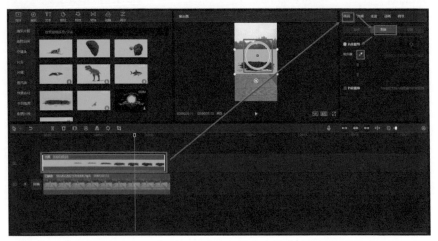

◆ 图9-42

在素材编辑区通过调整抠图的强度和阴影达到想要的效果，如图9-43所示。

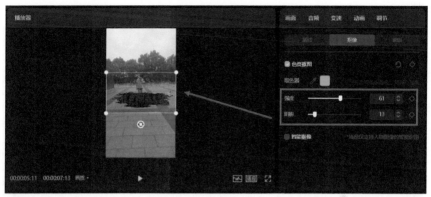

◆ 图9-43

选中绿幕素材，对其大小和位置进行调整，让画面看起来更自然，效果如图9-44所示。

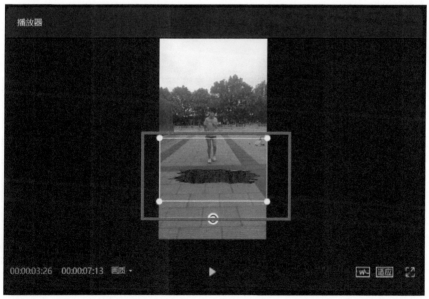

◆ 图9-44

192

选中绿幕素材，在素材编辑区"变速"下切换至"常规变速"，调整倍数参数，此处设置为1.8×，如图9-45所示。

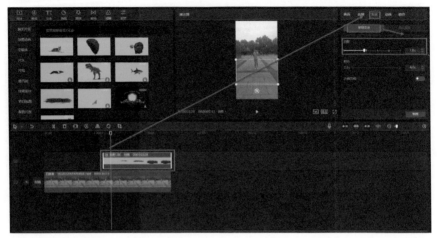

◆ 图9-45

在素材编辑区的"画面"下选择"基础"，在"混合模式"列表框中选择"正片叠底"，如图9-46所示。

◆ 图9-46

然后再次预览视频进行确认，确认无误后将视频导出发布，效果如图9-47所示。

◈ 图9-47

07 无数自己：
多个时空的重叠

剪映支持制作一个人同时出现在不同位置的视频，呈现"时间定格分身术"的效果。本实例主要会用到定格功能、"镜面"蒙版和贴纸，下面介绍如何操作。

首先在剪映中导入拍摄好的视频，将视频素材加入视频轨道中，如图9-48所示。

拖动时间轴，定位至人物出现的位置，单击时间线轨道上方的"定格"，如图9-49所示。

将定格点后的片段移动至画中画轨道，并且将定格片段延长至主轨道视频结束位置，如图9-50所示。

194

◆ 图9-48

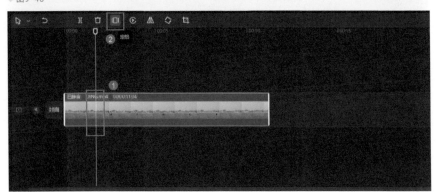

◆ 图9-49

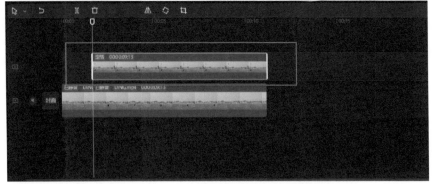

◆ 图9-50

　　选中画中画轨道上的素材，在素材编辑区"画面"下切换至"蒙版"，如图9-51所示，选择"镜面"蒙版，调整蒙版位置和大小。

◆ 图9-51

　　接下来重复上述操作，即可得到一人同时出现的视频效果，如图9-52所示。

◆ 图9-52

196

调整视频大小，将视频设置为"9:16（抖音）"，如图9-53
所示。

◆ 图9-53

在主轨道选择第一个素材后，在素材编辑区"画面"下切换至"背景"，背景填充选择"模糊"，并
选择想要的模糊度，设置完后单击"应用全部"，如图9-54所示。

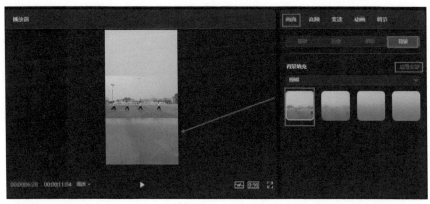

◆ 图9-54

在功能区选择"贴纸—贴纸效果—炸开"，在其中选择合适的或自己喜欢的贴纸加入轨道中的每个定
格片段起始处，在素材编辑区调整贴纸参数，如图9-55所示。完成后即可导出视频。

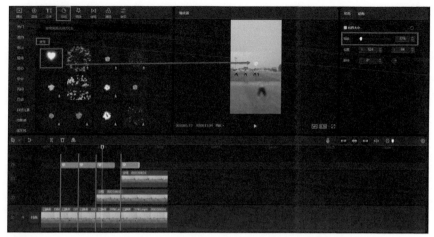

◆ 图9-55

08 大雪纷飞：雪花特效

用剪映制作雪夜风景很容易。本实例主要会用到剪映的"闪黑"转场、"飘雪"特效和风声音频效果，下面介绍如何操作。

首先在剪映中导入视频素材，将视频素材添加到视频轨道中，如图9-56所示。

在功能区选择"滤镜—滤镜库—夜景—暖黄"，并将滤镜时长设置为与视频总时长相同，如图9-57所示。

198

◆ 图9-56

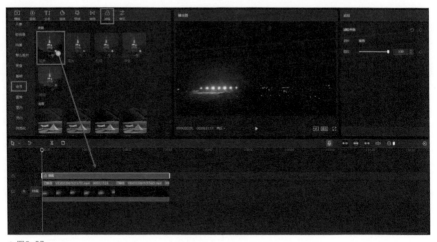

◆ 图9-57

在功能区选择"转场—转场效果—基础转场—闪黑"并加入轨道，如图9-58所示。

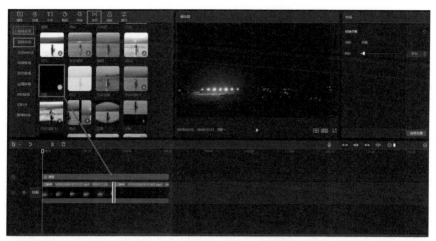

◆ 图9-58

在功能区选择"特效—特效效果—自然—飘雪",并调整素材时长与视频长度一致,如图9-59所示。

◆ 图9-59

200

为了营造出雪夜的感觉，应添加环境音。在功能区选择"音频—音效素材—环境音—风1"，如图9-60所示。

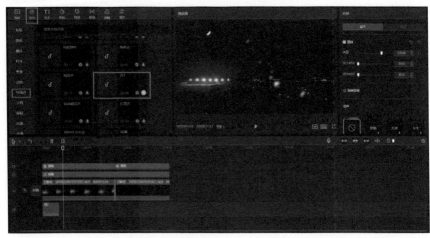

◆ 图9-60

继续上述操作，选择"风1"与"风，刮风，大风吹"两个音频，如图9-61所示，生动地模仿风的效果。随后导出视频即可。

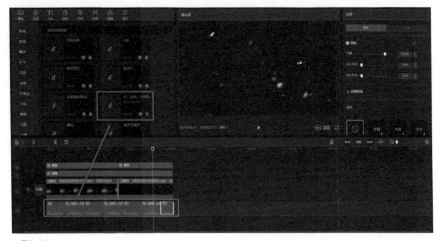

◆ 图9-61

09 月有盈缺：
人工月相变化

月相变化周期相当长，而且有时候找不到合适的变化图，这个时候可以人为制作，并且能根据个人需要变动。本实例主要会用到剪映的"圆形"蒙版和添加关键帧功能，制作过程较为漫长且烦琐，需要一定的耐心，下面介绍如何操作。

首先在功能区选择"媒体—素材库—黑场"，将其加入视频轨道中，如图9-62所示。

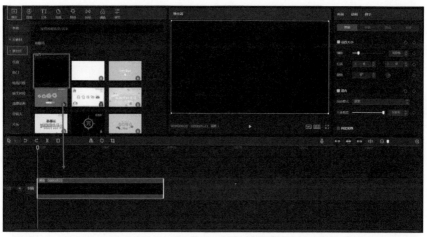

◆ 图9-62

将月亮素材导入剪映，并加入画中画轨道，如图9-63所示。

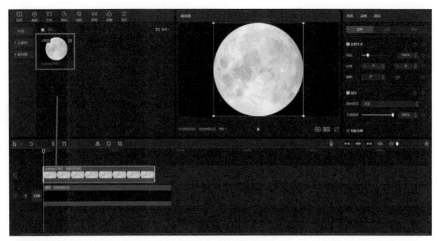

◆ 图9-63

选中画中画轨道中的素材，逐帧调整素材位置大小并插入关键帧，如图9-64所示。

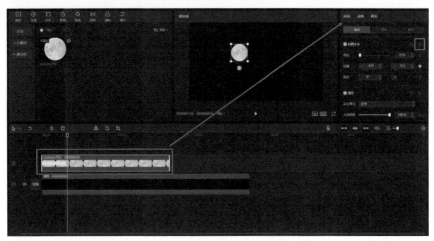

◆ 图9-64

　　选中画中画轨道中的素材，在素材编辑区"画面"下切换至"蒙版"，选择"圆形"蒙版，调整蒙版位置，有需要时可反转蒙版，逐帧调整并插入关键帧，如图9-65所示。

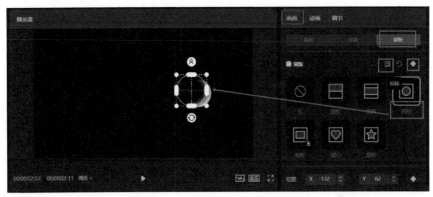

◆ 图9-65

　　操作完成后即可得到制作的动态月相图，如图9-66所示。也可将黑场素材换为真正的夜空素材。最后预览无误即可导出视频。

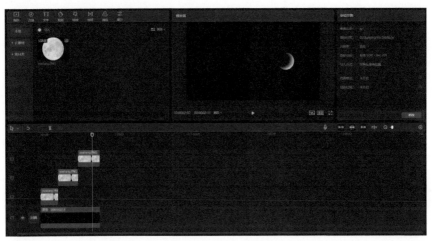

◆ 图9-66